肉兔
科学养殖技术

ROUTU KEXUE YANGZHI JISHU

刘亚娟　谷子林　主编

中国科学技术出版社

·北京·

图书在版编目（CIP）数据

肉兔科学养殖技术 / 刘亚娟，谷子林主编 . —北京：
中国科学技术出版社，2017.1（2018.6）

ISBN 978-7-5046-7381-7

Ⅰ. ①肉… Ⅱ. ①刘… ②谷… Ⅲ. ①肉用兔—饲养管理 Ⅳ. ① S829.1

中国版本图书馆 CIP 数据核字（2017）第 000896 号

策划编辑	乌日娜
责任编辑	乌日娜
装帧设计	中文天地
责任校对	刘洪岩
责任印制	徐　飞

出　　版	中国科学技术出版社
发　　行	中国科学技术出版社发行部
地　　址	北京市海淀区中关村南大街16号
邮　　编	100081
发行电话	010-62173865
传　　真	010-62173081
网　　址	http://www.cspbooks.com.cn

开　　本	889mm×1194mm　1/32
字　　数	200千字
印　　张	8.625
版　　次	2017年1月第1版
印　　次	2018年6月第2次印刷
印　　刷	北京长宁印刷有限公司
书　　号	ISBN 978-7-5046-7381-7 / S・606
定　　价	26.00元

本书编委会

主　编

刘亚娟　谷子林

副主编

陈宝江　赵　超　陈赛娟　卢海强
周松涛　李海利　巩耀进

编著者

（按姓氏笔画顺序）

刘　涛　刘树栋　李　冲　李爱民
李增龙　杨冠宇　杨翠军　吴峰洋
谷新晰　张连洪　郭万华　黄玉亭
曹秀萍　董　兵　霍妍明　戴　冉
魏　尊

P_{reface} 前 言

近年来,我国肉兔养殖业迅猛发展,全国各地肉兔场如雨后春笋般涌现。肉兔养殖因其饲养周期短、繁殖力强、入行门槛低、回报率高、市场需求量大等特点,成为很多欠发达地区农民脱贫致富的重要途径。目前,我国正处于小规模传统养殖向规模化、集约化过渡的关键时期,多种养殖规模、养殖模式和经营方式共存,既有以家庭为单位的小规模个体经营者,也有规模化的养兔企业或养殖合作社。尽管我国肉兔养殖水平有较大的进步,但与欧美发达国家相比,还有相当大的差距,特别是受信息交流、投资力度、文化水平、管理能力等因素限制,兔场的集约化程度和科技水平有待提高,生产效率偏低,直接影响兔产品产量和质量。

当前,全党全国全民落实习近平总书记"精准扶贫"指示,很多"老、少、边、穷"地区将发展肉兔产业作为"精准扶贫"的重要内容。为使肉兔养殖业在"精准扶贫"工作中发挥更大的作用,实现扶贫精与准的有机结合,向广大贫困区从事肉兔养殖的农民传播科学养兔意识,普及养兔理论知识,推广先进养兔技术,是必不可缺的工作。在此背景下,我们组织编写了这部科普著作。

本书结合笔者多年从事肉兔研究成果和生产经验,从肉兔养殖的理论知识和生产实践入手,指导广大农民和农技人员掌握家兔养殖的关键技术。本书共分为8章,首先阐述了肉兔养殖的意义、难点和发展趋势,介绍了河南省阳光兔业公司在陕西省商洛市广汇兔业专业合作社和贵州省遵义市西坪镇桂山村养殖户的肉兔产业扶贫典型案例。然后较为系统地介绍了国内外的肉兔品种和配套系,兔场环境控制与兔场(舍)设计,肉兔繁殖特点与高繁技术,肉兔营养需要与饲料加工,肉兔不同生理阶段的饲养管理和育肥,肉兔屠宰和兔肉加工等技术要点,兔病常见防控技术。本书力求做到系统、全面、通俗、实用,以供广大农民和农技人员借鉴和知识更新,利用典型案例引导,启发养殖户科学生产,合理经营。

在本书的编写过程中,参阅了大量国内外养兔专家的研究成果和技术资料,在此深表谢意。由于时间仓促,加之编著水平有限,不足之处在所难免,敬请广大读者提出宝贵意见和建议。

编 著 者

Contents 目 录

第一章
概　述

一、发展肉兔饲养业的意义及前景

我国肉兔养殖历史悠久,但真正作为商品生产还是新中国成立初期中国兔肉出口之后的事情。中国肉兔产业按照兔肉产量和生产性质可以划分为 3 个阶段:第一阶段是至 1961 年以前的自养自给阶段。庭院养殖,数量很少,以满足自己食用为主,经历了漫长的时期;第二阶段为缓慢发展阶段,从 1961 年至 1990 年。这一阶段进入了商品生产,以农家小规模饲养为主,规模小,发展慢,全国总产量年出栏不超过 1 亿只,兔肉产量在 10 万吨左右;第三阶段为快速发展阶段,从 1990 年至今。其基本特点是由小规模家庭养殖逐渐向规模化养殖发展。产量大幅度增加,产加销一条龙的产业化雏形基本建立。

目前,我国已经成为世界养兔第一大国、兔肉生产和兔肉出口第一大国,年产兔肉 70 多万吨,规模化、工厂化和集约化养殖成为发展的趋势,肉兔产业成为我国畜牧产业中的一支新生力量,发展肉兔产业意义重大,具有巨大的发展潜力。

（一）提供优质的兔肉

兔肉是优质的动物性食品，具有高蛋白、高必需氨基酸、高多不饱和脂肪酸、高维生素和微量元素、高消化率，以及低脂肪、低胆固醇、低能量等特点，代表了当今人类对动物性食品需求的发展方向。

兔肉是优质的动物性食品，人们将兔肉形象地比喻为"保健肉"、"美容肉"和"益智肉"，常吃兔肉可以健壮而不肥胖，身体苗条、肌肤细嫩，有利于大脑的发育，提高智商。被西方一些国家的运动员、演员和歌唱家们所青睐。由此可见，中国俗语"飞禽莫如鸪，走兽莫如兔"有其内在的科学依据。可以预见，伴随着食品科技的发展和科学知识的普及，人们将逐渐认识兔肉，喜欢兔肉，并将成为继猪肉、鸡肉之后的又一个重要的消费热点。

（二）草食性，饲料转化率高

兔不仅耐受粗饲料，而且粗饲料是家兔日粮结构的必需组成部分，通常情况下，家兔日粮组成中45%左右是粗饲料，其他农副产品可占35%左右，真正用粮很少。兔饲料转化率很高，据试验和生产统计，配套系商品肉兔，在育肥期的料重比为3.0~3.3∶1，普通优良品种育肥期的料重比为3.3~3.5∶1，而商品獭兔育肥期的料重比一般在4.0~4.5∶1。其饲料转化为肉和皮的效率高于其他草食家畜。

家兔能有效地利用植物中的蛋白质和部分粗纤维，饲养成本较低。据有关资料介绍，家兔每增加1千克肉，所需要的能量仅高于鸡，与猪相似，而猪、鸡产肉需要大量的粮食。在集约化家兔生产的日粮中，粮食及其副产品（精饲料）占50%左右，干草或其他粗饲料占50%左右；而农户散养的情况下，青草、干草或其他粗饲料可占到70%或者更高。而养猪粮食及其副产品（精饲料）要占

60%以上,鸡日粮中,粮食则高达80%～100%(饼粕糠麸类如果计入粮食副产品,则以上数据可设定一个范围)。每生产1千克猪肉,需消耗4～6千克精料;而生产1千克兔肉,只用30千克左右的野青草即可达到。由于家兔的消化率远比其他畜禽高,人们利用同等数量的蛋白质生产兔肉的总体成本则更低。

为此,1992年在美国召开的第五届世界养兔科学大会上,各国学者和代表们一致认为,今后养殖业的特点,应是以发展节粮型草食家畜为主,而在草食家畜中,要优先发展养兔业,以缓解人、畜争粮的矛盾。我国是一个人口众多、土地资源相对紧张的国家,土地危机、粮食危机、能源危机一直是我国发展的限制因素。发展家兔等节粮型草食动物,对于我国具有重大的现实意义和战略意义。

(三)多胎高产,产肉效率高

肉兔是多胎高产的动物,主要表现在如下几点:性成熟早(3～3.5月龄)、妊娠期短(1个月)、胎产仔数多(7～10只)、产后发情、一年四季均可繁殖。在良好的饲养条件下,母兔年产仔8胎或以上,产仔数达60多只。养兔发达的欧洲一些国家,1只母兔每年可提供商品肉兔50多只。而肉兔的生长速度很快,配套系商品代一般70天出栏可达2.5千克。照此计算,1只母兔年直接生产的后代重量,相当于自身体重的30多倍;而1头好的母牛在良好的饲养管理条件下平均每年可提供相当于其体重90%的肉牛;1只好的母羊只能提供相当于其体重1.25～1.5倍的肥羔;1头好的母猪可提供相当于其体重10倍的肥猪。

以单位面积的产肉量计算,养兔所能获得的蛋白质和能量均比其他畜禽高。如按1公顷草地,养兔可获得180千克蛋白质和7 401兆焦的能量;饲养其他畜禽获得的蛋白质和能量分别为:家禽92千克,4 598兆焦;猪50千克,7 899兆焦;羔羊23～43千克,2 100～5 402兆焦;肉牛27千克,3 100兆焦。

（四）农民致富的重要项目

肉兔养殖具有投资少、见效快、门槛低、技术易学、对文化程度要求不高、老幼皆宜、对场地大小要求不严等特点，对生态环境没有破坏（指舍饲，非放牧），因此是广大农村、山区，特别是贫困地区农民脱贫致富的优选项目。20世纪80年代初期，河北省太行山区开发，以发展肉兔起步，取得成功。在那里流传着这样的歌谣："家养三只兔，不愁油盐醋（解决零花钱）；家养十只兔，不愁米和布（解决吃和穿）；家养百只兔，土房变瓦屋（解决住房）"很多养兔脱贫的农民，至今仍然坚守着这一行业，成为家庭收入的主要来源，致富的重要手段。2013年国家兔产业技术体系派专家到四川省井研县考察农民养兔情况，那里的农民以哈哥集团为龙头发展肉兔养殖，一般家庭养殖基础母兔100只，年收入在5万~10万元。农民高兴地说"何必外出去打工，养兔挣钱很轻松，养兔种地两不误，养老育子两照顾"

从以上几点可以看出，发展肉兔养殖，可以充分利用农村丰富的人力资源、土地资源和饲草饲料资源，促进劳动力的转移，带动相关产业的发展，提高农民收入，振兴地方经济，丰富人们的菜篮子，是一举多得、利国利民的事业。

（五）舍饲性草食动物，对生态无破坏作用

在发展畜牧业过程中，由于过去不科学的草场开发和人类的肆意破坏、污染和浪费，使一些草原和山区植被严重退化。尤其是过去很长一段时间，山区以发展养羊为主。人们的环境保护意识淡薄，个别地方的短期行为，无计划、无节制地山场放牧，造成山场植被稀疏，岩石裸露，水土保持能力下降，而且形成恶性循环。从山区目前的经济状况及资源状况来看，不发展养殖业不行，因为养殖业是山区农民经济收入的主要途径。但是像过去那样山场放牧

也不行。而发展舍饲畜牧业是缓解林牧矛盾的有效手段,其中发展肉兔饲养业尤为重要。肉兔是草食性舍饲性动物,在山区有巨大的发展潜力和优势。

(六)兔肉是大宗出口商品,为我国现代化建设做出了贡献

我国自新中国成立初期的1957年开始出口冻兔肉至今,在国际市场上已占据较大的份额(表1-7至表1-9)。

表1-7 我国兔肉出口金额及占世界比例

年 份	中国出口		世界出口		中国占世界比	
	出口额(万美元)	净重(吨)	出口额(万美元)	净重(吨)	出口额占比(%)	净重占比(%)
1996	6458	24097	20790	59588	31.06	40.44
2000	4581	22563	16066	56876	28.51	39.67
2001	5408	32998	19606	73521	27.58	44.88
2003	599	4426	13940	37158	4.30	11.91
2005	2106	8925	19930	45358	10.56	19.68
2006	2296	10251	19876	47777	11.55	21.46
2007	2801	9204	19994	44020	14.01	20.91
2008	3293	8538	21784	40052	15.12	21.32
2009	4148	10375	20010	39227	20.73	26.45

表1-8 2001—2008年世界主要兔肉出口国及出口数量 (吨)

国 家	2001年	2002年	2003年	2004年	2005年	2006年	2007年	2008年
中 国	32998	9081	4426	6396	8925	10251	9204	8538
法 国	6392	5073	4078	5389	5047	4986	4817	6297
匈牙利	5660	5460	4885	5218	5330	4493	5530	3634

续表 1-8

国　家	2001 年	2002 年	2003 年	2004 年	2005 年	2006 年	2007 年	2008 年
西班牙	5075	3496	3818	4629	4182	4332	3946	2841
阿根廷	3384	3612	3443	4584	6166	4444	3628	3499
荷　兰	11187	3991	1374	1486	1148	1778	1133	266
意大利	2426	2670	6230	4177	3139	2967	3144	1784
比利时	1795	1684	1166	2017	2648	4443	4288	4613
合　计	68917	35067	29420	33896	36585	37694	35690	31472
合计占比(%)	96.80	93.92	89.55	88.08	89.79	90.82	92.62	93.06
中国占世界份额(%)	46.35	24.32	13.47	16.62	21.91	24.70	23.88	25.25

数据来源:FAO。

表 1-9　主要贸易国贸易额占比

排　名	1996 年			2009 年		
	贸易国	金　额 (万美元)	占　比 (%)	贸易国	金　额 (万美元)	占　比 (%)
1	荷　兰	2080	32.2	比利时	1486	35.8
2	法　国	1688	26.1	俄罗斯联邦	1431	34.5
3	日　本	1281	19.8	德　国	831	20.0
4	德　国	529	8.2	美　国	222	5.3
5	比利时-卢森堡	397	6.1	白俄罗斯	77	1.9
	合　计	5976	92.5	合　计	4046	97.6

数据来源:根据 Uncomtrade 数据计算整理。

(七)副产品开发潜力巨大

肉兔的主产品是兔肉,但其副产品种类很多,开发价值不可低估。例如,兔皮可制裘,1 张兔皮一般价值 4~5 元,高者 7 元以上;不可食部分(如兔骨、内脏等)可制作动物饲料,是优质的钙、磷和蛋白质补充料;兔脑、眼球、胃肠黏膜、胆、血、肝、胸腺等腺体可制药;乳兔(出生3天以内的小兔)可生产猪瘟兔化弱毒疫苗等。如果将兔的副产品充分加工利用,其价值远远超过其主产品——兔肉的价值。

此外,不被人们重视的兔粪也具有很大的用场。兔粪既是一种高效有机肥料,又是一种饲料资源。兔粪含有丰富的氮、磷、钾及微量元素,不仅可以改良土壤,提高肥力,还具有驱虫抗病作用。据试验,施用兔粪作基肥,很少发生地下害虫,蚜虫的发生也较轻。干兔粪含有粗蛋白质13.4%、粗脂肪1.59%、粗纤维20.79%、钙1.99%、磷1.4%、碳水化合物8%,还含有烟酸、泛酸、核黄素、维生素B_{12}等多种维生素,可制作动物饲料。据试验,兔粪经发酵后可用来喂猪、喂鱼、喂牛和羊等,大大降低了饲料成本,提高了养殖效益。

从以上几点可以看出,发展肉兔产业意义重大。我国肉兔养殖从南海之滨到北国边陲,从渤海之端到昆仑山脉,遍布祖国的大江南北。可以预料,我国肉兔产业前景广阔。

二、肉兔养殖业存在的主要问题

(一)肉兔良繁体系建设有待加强

良种是实现优质高效生产的关键因素之一。然而,我国肉兔良繁体系建设严重滞后,优良种兔相对缺乏、良种覆盖率低,配套系推广力度不够,缺乏拥有完全知识产权的肉兔配套系。目前,我国的肉兔生产还以简单的二元杂交为主,生产性能优异的配套系未得到大面积推广应用。在生产中自然交配和人工辅助交配还相当普遍,人工授精技术仅在生产管理水平较高的规模化兔场得以应用。落后的良繁体系使得我国肉兔生产水平较差,1只母兔年提供商品兔仅 30 多只,与发达国家 1 只母兔年提供商品兔 50 只的水平还存在较大差距。

(二)优质粗饲料匮乏成为发展的重大瓶颈

家兔的特殊消化生理特点,决定其饲料组成的特殊性。其中,粗饲料是限制性因素,也就是说,家兔对粗饲料具有很强的依赖性。没有优质安全的粗饲料原料,难有优质安全的兔全价饲料,不可能有健康发展的家兔生产。目前,摆在我们面前的最大难题是优质粗饲料资源匮乏,最大限制因素是饲料霉菌毒素的严重污染。生产中尤为突出的问题是相当比例的商品饲料质量不稳定,大多数自配饲料质量难以保证。优质粗饲料资源不能满足,肉兔产业难以顺利发展。

(三)饲料营养标准有待制定

饲料成本占肉兔养殖成本的 70% 以上,配制精确饲粮、推行精确饲喂是降低饲料成本的重要手段。迄今为止,我国还没有自己的肉兔饲养标准和兔用饲料原料数据库,兔饲养标准一般参照美国、法国和德国等国外标准,原料营养成分大多参照猪的饲料营养成分表,有些还依靠经验。基础研究工作的滞后,导致了我国肉兔饲料配制技术的精确性差,进而导致整个养殖成本的增加。

(四)仔幼兔成活率整体水平偏低

仔幼兔成活率的高低是决定养兔成功与否的关键,直接影响养兔效益。根据生产调查,我国多数兔场的繁殖数量并不少。一般来说,年产平均 6 胎,胎均产仔数 7.5 只,1 只母兔年产仔兔数量 45 只,最终出栏商品兔数量平均不足 30 只,也就是说,总成活率不足 66%。无论是繁殖率,还是成活率,都与欧洲发达国家有相当的差距。肉兔是弱小的动物,需要优良的环境条件和管理技术,我国肉兔养殖从硬件建设到软件配套,都需要加强。因此,饲养管理技术的研究和技术人员的培训工作任务艰巨。

(五)疫病防控技术有待提高

疫病是困扰肉兔产业健康发展的主要难题之一。多年来,腹泻、呼吸道疾病是困扰众多兔场的主要疾病。近年来,在部分地区发生了危害较大的家兔流行性腹胀病,发生范围广,死亡率高;皮肤真菌病在一些地区也有上升趋势;球虫病的耐药性比较普遍,造成的损失不可低估;脚皮炎、体内外寄生虫病等慢性疾病发生率也相当严重。这些疾病轻者影响兔群的健康和生长,重者造成批量死亡。这就需要加强对兽医人员的技术培训和观念更新,加强对一些疾病的防控技术研究,建立一套适合不同区域、不同育肥模式的疫病防控体系。

(六)饲养规模相差较大

我国肉兔养殖呈现规模化趋势,一些大型养殖企业种兔数量达到一万之多,甚至几万到几十万只,是任何国家的兔场难与之相比的。尽管如此,就全局来看,我国的中小规模兔场依然为主体,以农民家庭为主的庭院型兔场,占据着我国兔场数量的多半个江山。这些兔场的科技含量不高,生产效率不高,多年一种状态,发展空间不大。当遇到市场低迷的时候,不能经受市场波动的考验。有些养兔户,在养兔技术和经营管理经验尚不成熟的情况下,盲目追求饲养规模,往往一哄而起、一哄而散。

(七)产业化水平低,社会化服务滞后

我国多数兔场规模小,呈散在状态存在,整个产业的组织化程度较低,市场的多元素或多成分处于离散状态,未有计划地纳入产业化的链条之中。而多数龙头企业,实力不足,产业化水平低,组

织引导能力和信息服务能力欠缺,养兔技术培训和技术推广辐射工作也很少开展或开展得不够有力。

(八)兔深加工技术水平低,产品附加值不高

目前,我国兔肉贸易还是以初级产品活兔或胴体的形式为主,出口兔肉产品也只是进行了简单的屠宰加工,以冻兔肉的形式出口。尽管国内出现了一些产—加—销一条龙的企业,研发了系列兔肉产品,如青岛康大食品有限公司、四川哈哥食品有限公司等,但在整个产业中所占份额不足。这种以初级产品为主面市的局面,既不利于远距离的交易,也不利于消费市场的扩大。在饮食文化多元化的今天,单一的产品已经不能满足消费者的个性化需求。在我国很多地方还没有较好的兔肉烹饪技术,制约了当地对兔肉的消费。我们应该认真研究和总结四川省和重庆市开发兔肉产品、引导兔肉消费的经验和做法,促进我国肉兔产业持续健康发展。

(九)政策扶持力度弱,科技投入严重不足

肉兔产业是个小产业,在我国畜牧生产中所占份额在 1% 左右。各级政府普遍重视不够,缺乏相应的产业扶持政策。国家对家兔产业的科技投入也很少。自 2007 年以后,国家将家兔列入公益性行业专项,现代农业产业技术体系将家兔纳入,使得家兔科研在全国范围内得到连续、较大力度的支持。但是,从总体来看,国家层面支持的专家数量是非常有限的,辐射面也很有局限性。除此之外,绝大多数省份对于当地兔产业的科技支持微不足道。对于产业发展方面,很少到得到省市级层面,乃至国家层面的扶持。有的地方对个别企业有一些扶持,但是扶持力度远不及猪、鸡和奶牛等产业。产业政策力度薄弱和科研投入的不足,导致技术储备不足,对产业发展的科技支撑力度不够,导致产业发展缓慢,产业

化水平不高。

三、我国肉兔生产发展趋势

(一)品种多元化将长期并存,肉兔配套系将有大的发展

我国肉兔养殖区域广,条件差异大,市场需求多元化。因此,品种的多元化将长期存在。尤其是对产品专一的消费市场,如福建、广东等,黄色肉兔备受欢迎,而且价格要比其他毛色的肉兔高,市场稳定。白色家兔红眼白毛,温顺可爱,是吉祥的象征;同时,兔肉胴体美观,容易赢得消费者。再者,目前所有的实验用兔,均为白色。因此,白色肉兔的市场前景继续看好。有色肉兔(尤其是青紫蓝和野兔毛色)皮张多被用于生产褥子或服装,不用染色,天然无污染,其价格要高于白色肉兔。

从生产性能和生产效率考虑,肉兔配套系显著高于一般品种和杂交组合,更高于地方品种,是我国未来肉兔产业发展的重点,尤其是产业化龙头企业的联盟养兔场的最佳选择。伴随着我国规模化、工厂化肉兔养殖业的快速发展,肉兔配套系将成为肉兔生产的当家品种。

(二)兔农的组织化程度逐渐增高,"公司+农户"成为发展的基本模式

长期以来,我国农民养兔习惯于独立性,自己养殖自己的兔子,不参加任何组织。尤其边远地区和市场周边的兔场,表现得尤为突出,产品依靠小商小贩收购,随行就市,任人宰割。尽管有无尽的怨言,但似乎无法摆脱这种被动的局面。因此,遇到市场波动就不能支撑,便倒闭关门。随着一些大型龙头企业的兴起,农民合作组织的出现,越来越多的兔农加入这些组织。目前,主要有两种

基本组织形式：龙头企业（公司）+农户和农民专业合作社。组织起来的农民，较单一散的养殖户相比，有了靠山，抵御市场风险的能力加强，产品有了销路，利益得到一定的保障。

（三）规模发展为主流，多种养殖规模共存

目前，我国兔业正处于一个由粗放型向集约化、由家庭副业型向专业化、由传统型向科学化、由零星散养型向规模化方向发展的过渡时期。规模化养殖已经成为世界养兔发展的必然趋势。但是，我国是一个自然环境复杂、经济发展极不平衡的国度，从业人员背景不一，养殖形式千差万别，投资规模不可能千篇一律。尽管规模化养殖是发展的趋势和必然，但是，以基础母兔 200～500 只为主体，出现多种模式和规模共存的局面。伴随着技术的进步，市场的发展，产业的逐渐成熟，规模化兔场将会越来越多，成为发展的趋势，养殖场的数量逐渐减少，家兔出栏量逐渐增加。不同规模的兔场将长期并存相互补充，形成中国特色的百花齐放、百家争鸣的繁荣景象。

（四）工厂化养殖模式将逐渐被接受

规模化养兔是表现，是形式，工厂化养殖是核心实质。以同期发情、同期配种（人工授精）、同期产仔、同期断奶、同期育肥和同期出栏为特征的工厂化养殖模式，将逐渐在我国规模化兔场得到实施，也逐渐或多或少地被中小型规模兔场所消化吸收。与传统养殖模式相比，工厂化养殖需要一定的投入，但效率更高，效益更大，能最大限度地接受新技术、新产品、新成果，最大限度地解放生产力、发展生产力。我国近年来的养兔实践充分证明了这一问题，发达国家成功的经验也早已说明了这一问题。

（五）内销为主体，外销为补充，相互联系，相互促进

随着我国兔业科技的进步，兔肉加工能力的增强和对兔肉营养知识的普及，国人对兔肉消费量将逐年增加，已经成为不争的事实。目前，我国年产兔肉 75 万吨左右，除了出口 1 万吨左右，其余全部内部消化。尽管出口量远远低于历史最高纪录，也低于加入世贸组织之前的多数年份，但未见兔肉的积压、销路不畅、卖不出去的被动局面。除了传统的消费优势区域，如四川、重庆、福建和广东以外，其他省份的消费量也在悄然增加。相信我国兔肉的消费量会有更大的空间。由于我国的劳动力资源优势、饲草饲料资源优势等，中国是世界上最适于饲养家兔的国家之一。因此，内销为主，外销为辅，相互联系，相互促进，成为我国兔肉销售市场的总体格局。

（六）饲料专业化生产和供应将快速发展

伴随着养兔规模化的发展，商品饲料销售有更大的市场。以往生产家兔饲料的企业多以生产大宗饲料（如猪、鸡饲料）为主，附带生产兔饲料。但是，近年来，专门生产兔饲料的饲料企业应运而生。所谓"术有专长、业有专攻"，兔饲料的专业化生产，无疑会对提高饲料质量产生积极的影响。此外，以往我国很少有专门生产家兔饲料原料的企业，多为农副产品下脚料收购后进行销售。近年来，出现了牧草生产企业，提供家兔饲料原料，包括苜蓿草捆、苜蓿颗粒、羊草草捆和草粉、玉米秸秆和玉米秸秆草块等。饲草饲料的专业化生产和供应，使家兔产业化链条不断完善。

（七）自觉贯彻国家相关法律，绿色兔肉生产势在必行

兔肉是动物性食品，事关消费者的身体健康，因此党和国家非常重视食品质量，从立法、制度建设到监督检查，形成了食品安全

的系统工程。尽管兔肉在我国没有发生重大安全事故，其安全系数高于其他动物性食品，但是，将来对所有的动物性食品，包括肉兔生产企业的要求会更加严格，不仅仅对于出口型加工企业，对于非出口型其他企业，包括中小型养殖场都必须按照国家法律办事。与之相联系的行业，如种兔市场，饲料、兽药、疫苗的生产供应，确保饲料、兽药和生物制品的安全性和市场规范，保证动物安全、食品安全。比如，康大集团等大型企业，通过了 ISO-2000、HACCP 等体系认证，建立健全严格的可追溯质量管理体系，从源头上确保了兔肉产品质量。国家将加强执法力度，严厉打击违法行为。形成谁自觉守法，老老实实办事，谁就有市场，有发展；谁敢违法违纪，投机取巧，谁将受到惩罚，失去市场和发展机遇，甚至倾家荡产。贯彻执行畜牧法等相关法律，开展绿色养殖，确保兔肉安全必将成为从业人员的共识和自觉行动。

（八）深加工成为肉兔产业发展的热点

肉兔产业发展瓶颈在于加工，肉兔产业发展的潜力也在加工，因此，未来我国兔肉深加工成为肉兔产业发展的重点和热点。没有加工，增值增效无潜力，产业形不成链条，兔肉到不了消费者的餐桌，肉兔产业将无法发展。回顾我国的肉兔产业发展历史，思考发展过程中的起起伏伏，无不与加工落后和滞后有关。兔业要发展，加工要先行，已成为当今业内人士的共识。近年来，一些大型肉兔企业开始重视兔肉的深加工，并得到较快的发展。未来兔肉加工业将成为肉兔产业发展的重点和热点，将促进肉兔产业得到更快的发展。

四、肉兔养殖脱贫致富案例

[案例1]济源市阳光兔业科技有限公司产业扶贫

河南省济源市阳光兔业科技有限公司成立于2008年,拥有良种繁育、饲料加工、养殖合作社、肉兔产销、屠宰分割、食品加工等核心企业。包括年提供种兔30万只的阳光祖代及曾祖代种兔场、济源金裕饲料有限公司、六和金裕饲料有限公司、联合英伟金裕饲料有限公司、阳光食品有限公司和阳光兔业专业合作社。公司是国家级星火计划项目实施单位、中国兔业协会副会长单位、河南省农业产业化省重点龙头企业和河南省唯一的肉兔产业集群核心企业,在中国兔产业处于行业领先地位。拥有以张改平院士为带头人的科技创新团队,并于2015年建立了"河南省肉兔健康养殖疫病防控与食品加工院士工作站"和"河南省肉兔繁育及加工工程技术研究中心"。近年来,公司相继承担实施了20余项科技开发、成果转化及产业化项目,成为国家级星火计划项目实施单位,参与国家及行业标准制定,获得多项省市级科研成果,成功申报国家专利10余项、地方标准2项。

公司根据国家"十三五"扶贫攻坚计划,以肉兔产业为切入点,在老少边山穷地区实施产业帮扶带动。在对贫困户精准识别的基础上,精选一批致富愿望强烈有条件、有能力的贫困户,作为肉兔产业帮扶带动的对象。因地制宜、因村因户施策,确立不同的发展模式。对于当地具有一定实力的龙头企业,实行产业帮扶,股份合作。由阳光兔业公司提供优质品种、配套饲料、先进技术等综合配套服务。当地政府集中各项扶贫资金,依托当地龙头企业,建设现代化、标准化兔场,运用阳光兔业科技有限公司的先进技术,实现全进全出的工厂化生产模式;对于山岭区农户,利用房前屋后空闲地或旧民房等,经过改造发展肉兔养殖。便于兼顾家庭生活和农业生产,但需要强化合作社在"统"的方面的服务功能;此外,还可以集中各方面资金建设一个标准化的肉兔养殖产业园,农户按单元租赁养殖,做到资源优化配置,便于实施统一管理。公司通过品种、饲料、配套技术、服务能力、商品兔回收等方面保证产业扶贫的顺利实施。

[案例2]广汇兔业专业合作社

广汇兔业专业合作社成立于2009年,位于陕西省商洛市洛南县,地处秦岭南麓,是一家集肉兔繁育、养殖、销售、兔肉食品开发为一体的农业产业化龙头企业。先后被评为"陕西省百强社"、"陕西省扶贫示范合作社"和"国家示范合作社"。合作社理事长卢红婵被评选为陕西省兔业协会副会长。

广汇兔业专业合作社占地8公顷(120亩),目前建有标准化兔舍6栋2400米^2,存栏法国伊高乐祖代兔300只,父母代兔660只,伊普吕祖代兔600只,年可向社会提供父母代优质种兔7500只、商品代兔33000只。

合作社采取"公司+合作社+农户+市场"运作模式,以合作社为纽带,外联加工,内接农户,与国家兔产业技术体系河南试验站——济源阳光兔业科技有限公司建立了长期的产销合作关系,实行订单生产。以"商品育肥模式(存栏200只,年出栏商品兔2000只,实现收入10000元以上)"和"自繁自育模式(存栏父母代种兔50只,年出栏商品兔2000只,实现收入15000元以上)"推广为重点,带动洛南16个镇、36个村发展养兔,辐射到商洛7县区和安康、汉中两地市。

截止2016年4月底,已发展肉兔养殖户500多户,累计外销商品兔500多万只,为广大群众的增收致富起到了积极的促进作用。特别是今年以来,随着脱贫攻坚战的全面打响,广汇兔业立足洛南,面向全市,积极探索农户发展模式,目前已成为洛南乃至全市脱贫攻坚产业扶贫的一个新突破。

[案例3]贵州省遵义市播州区西坪镇桂山村

贵州省遵义市播州区西坪镇桂山村尹文祥从 2006 年开始养兔,不断从失败中摸索经验,逐渐认识到养好兔必须依靠优良品种,科学饲养。经过考察学习,选择与河南省济源市阳光兔业科技有限公司合作,在阳光公司养殖事业部指导下,兔场发展势头良好。兔场现有繁殖母兔 500 只,存栏 5 000 多只。

2016 年在国家"十三五"精准扶贫攻坚的政策下,遵义市播州区西坪镇的政策是贫困户可享有每户 5 万元的三年无息贷款的支持养殖肉兔。本兔场在当地带动发展了 22 家养殖户,以每只断奶商品兔售价 13 元的价格卖给贫困户,每户每批次购买断奶商品兔 200~300 只育肥,每户每年育肥 5~6 批次。仅育肥 1 只商品兔的利润都能在 12 元左右,每户每年收益 12 000~20 000 元,能真正地做到带动一户脱贫一户;本兔场每年也有 10 万元以上的利润。

第二章

肉兔品种

　　家兔品种是兔生产的工具,品种的形成是在一定的社会和自然条件下,经过长期的人工选择,以及通过杂交、选择、选种和选配,形成的形形色色的家兔群体。目前,世界上的家兔品种有上百个,我国的家兔品种也有数十个之多。按照品种的来源,可分成国外引入品种和国内培育品种;按照品种的类型特点,可分成普通品种和配套系。限于篇幅,在此主要介绍国内目前使用的主要肉兔品种和配套系。

一、国外引入品种

(一)新西兰白兔(New Zealand)

　　原产于美国,是当代著名的中型肉用品种,也是常用的实验兔,由弗朗德兔、美国白兔和安哥拉兔等杂交选育而成。新西兰白兔是新西兰兔种中一个最重要的变种,此外还有红色种和黑色种。红色新西兰兔约在1912年前后于美国加利福尼亚州和印第安纳州同时出现,系用比利时兔和另一种白色兔杂交选育而成。黑色新西兰兔出现较晚,是在美国东部和加利福尼亚州用包括青蓝兔在内的几个品种杂交选育而成。

1. **体型外貌** 白毛红眼（白化兔）；体型中等，头粗重，耳短直立，耳背边缘毛密；具有肉用兔体型，背宽，腰肋肌肉丰满，后躯发达，臀圆；四肢粗壮有力，脚底毛丰厚，有粗毛，耐磨，可防脚皮炎，很适于笼养；公、母兔均有较小的肉髯；成年体重母兔4.0~5.0千克，公兔4.0~4.5千克，中型肉用品种。

2. **生产性能** 早期生长速度快，产肉性能好，屠宰率52%左右，肉质细嫩，饲料报酬3.0~3.2∶1；繁殖力较高，年产5胎以上，胎均产仔7~9只；毛皮品质欠佳，毛纤维长而柔软，回弹性差；不耐粗饲，对饲养管理条件要求较高，在中等偏下营养水平时，早期增重快的优势得不到充分发挥。

我国在20世纪70~80年代从美国和其他国家引进了新西兰白兔，均有不同程度的退化。为了发展肉兔产业，2007年青岛康大集团从美国引进一批新西兰白兔。

（二）加利福尼亚兔（Californian）

原产于美国加利福尼亚州，又称加州兔。育成时间稍晚于新西兰白兔，用喜马拉雅兔和青紫蓝兔杂交，从青紫蓝毛色的杂种兔中选出公兔，再与新西兰白兔母兔交配，选择喜马拉雅毛色兔横交固定进一步选育而成。

1. **体型外貌** 体型中等，头清秀，颈粗短，耳小而直立，公、母兔均有较小的肉髯；胸部、肩部和后躯发育良好，肌肉丰满，具有肉用品种体型，成年体重母兔3.5~4.8千克，公兔3.6~4.5千克；毛色似喜马拉雅兔，红眼，但体端的深色并非黑色而是黑褐色，黑褐色的浓淡依据下述因素呈现出规律性变化：①年龄：初生时被毛白色，1月龄"八点黑"色浅且面积小，3月龄时具备明显的品种特征；青壮年兔"八点黑"色浓，老年兔逐渐变淡。②个体："八点黑"特征因个体不同而异，有的色深，有的色浅，甚至呈锈黑色或棕黑色,而且这些特征能遗传给后代。③季节:冬季"八点黑"色深,夏季"八点黑"色浅;春、秋换毛季节出现沙环(耳)或沙斑(鼻)。④营养:营养条件好,"八点黑"色深而均匀;营养条件差,"八点黑"色浅而不均匀。⑤饲养方式:室内饲养,"八点黑"色深;室外饲养尤其经日光长时间照射,"八点黑"变浅。⑥地区:炎热地区"八点黑"色浅;寒冷地区"八点黑"色变深。

2. **生产性能** 遗传性稳定,后代表现一致;适应性好、抗病力强;繁殖性能好,母性好,泌乳力高,育仔能力强,是著名的"保姆兔",年产 7~8 胎;早期生长快,产肉性能好,2 月龄体重 1.8~2 千克,屠宰率 52% 以上,肉质鲜嫩,中型肉用品种,国外用其与新西兰白兔杂交或在品种内不同品系间杂交生产商品兔;毛皮品质好,毛短而密,毛色象牙白,富有光泽,手感和回弹性好。

我国在 20 世纪 70~80 年代从美国和其他国家引进了加利福尼亚兔,在全国各地均有饲养,但均有不同程度的退化。为了发展肉兔产业,2007 年青岛康大集团从美国引进了一批。

(三)德国花巨兔(German Checkered Giant)

原产于德国,是著名的大型皮肉兼用品种,其育成有两种说法,一种认为由英国蝶斑兔输入德国后育成;另一种则认为由比利时兔和弗朗德巨兔等杂交选育而成。

1. **体型外貌** 体躯被毛底色为白色,口鼻部、眼圈及耳毛为黑色,从颈部沿背脊至尾根有一锯齿状黑带,体躯两侧有若干对称、大小不等的蝶状黑斑,又称"蝶斑兔";体格健壮,体型高大,体躯长,呈弓形,腹部离地较高,成年体重 5~6 千克;耳大直立,公、母兔均有较小肉髯。

2. **生产性能** 性情不温顺,较为粗野,行动敏捷,活泼好动;毛皮质量好,尤其是皮板上有对称的花斑,早期生长速度快,产肉性能较好;产仔数多,胎平均产仔 11~12 只,但母性差,泌乳力低,育仔能力差;毛色遗传不稳定,后代有蓝色、黄色、白色和黑色个体。

我国于1976年自丹麦引入花巨兔,由于饲养管理条件要求较高,哺育力差,国内饲养逐渐减少。

(四)垂耳兔(Lop Ear)

是一类兔子,据认为,该兔首先出自北非,后输入法国、比利时、荷兰、英国和德国。由于引入国选育方式不同,形成了法系和英系两种类型的垂耳兔。

法系垂耳兔体型大,耳较小;英系垂耳兔体型中等,耳长而大,耳最长者70厘米,耳宽20厘米,两耳尖直线距离60厘米。我国于1975年引入法系垂耳兔。

1. **体型外貌**　毛色多为黄褐色,也有白色、黑色等;前额、鼻梁突出,耳下垂,头似公羊,我国又称为公羊兔;公、母兔均有较大肉髯;体型大,体质疏松,成年体重5千克以上,有的达6~8千克。

2. **生产性能**　适应性强,较耐粗饲;性情温顺,反应迟钝,不喜活动;早期生长快,但由于皮松骨大,出肉率不高,肉质较差;繁殖性能较差,受胎率低,胎均产仔7~8只,母兔育仔能力弱;笼养时易患脚皮炎。

该品种在我国分散饲养,数量不大。但由于其体型大,外貌奇特,受到众多养兔爱好者的欢迎。

(五)弗朗德巨兔(Flemish Giant rabbit)

起源于比利时北部的弗朗德地区,数百年来广泛分布于欧洲各国,但长期误称为比利时兔,直到20世纪初,才正式定名为弗朗德巨兔。我国于20世纪70年代引进该品种,在我国东北、华北地区以及其他地区均有一定的饲养。

1. **体型外貌**　体型大,结构匀称,骨骼粗重,背部宽平;依毛色不同分为钢灰色、黑灰色、黑色、蓝色、白色、浅黄色和浅褐色7个品系。美国弗朗德巨兔多为钢灰色,体型稍小,背偏平,成年体重母兔5.9千克,公兔6.4千克;英国弗朗德巨兔成年母兔6.8千克,公兔5.9千克;法国弗朗德巨兔成年母兔6.8千克,公兔7.7千克。白色弗朗德巨兔为白毛红眼,头耳较大,被毛浓密,富有光泽;黑色弗朗德巨兔眼为黑色。

我国引进的是法国公羊兔,其毛色以棕褐色为主,但并非完全一致,深者接近黑色,浅者接近黄色。标准的棕褐色被毛分布同青紫兰兔,单根毛纤维分段着色。

2. **生产性能** 生长速度较快,肉质较好,屠宰率52%左右,肉用性能突出;遗传性不太稳定,尤其是被毛颜色容易出现分化;繁殖性能较差,性成熟较晚,不耐频密繁殖。产仔数多寡不一,仔兔体重相差较悬殊,但泌乳力非常高;适应性和抗病力强,耐粗饲。但由于体型大,脚毛稀而短,笼养时易患脚皮炎。

该品种由于体型大、生长快、耐粗饲,深受农村养兔爱好者的欢迎。是小规模散养的理想品种,也是仿生野养的理想品种。但不适合工厂化笼养。

(六)青紫蓝兔(Chinchilla)

原产于法国,因其毛色类似珍贵毛皮兽青紫蓝绒鼠而得名,是世界著名的皮肉兼用品种。

1. **体型外貌** 被毛浓密,有光泽,外观呈胡麻色,夹有黑色和苍白色的粗毛,耳尖、尾面为黑色,眼圈、尾底、腹下、四肢内侧和颈后三角区的毛色较浅呈灰白色。单根毛纤维为五段不同的颜色,从毛纤维基部至毛梢依次为深灰色—乳白色—珠灰色—白色—黑色。眼睛为茶褐色或蓝色。

2. **生产性能** 青紫蓝兔现有3种类型。标准型青紫蓝兔体型较小,结实而紧凑,耳短直立,公、母兔均无肉髯,成年体重母兔

2.7~3.6千克,公兔2.5~3.4千克,性情温顺,毛皮品质好,生长速度慢,产肉性能差,偏向于皮用兔品种。美国型青紫蓝兔体型中等,体质结实,成年体重母兔4.5~5.4千克,公兔4.1~5千克。母兔有肉髯,而公兔没有。繁殖性能好,生长发育较快,属于皮肉兼用品种。巨型青紫蓝兔公、母兔均有较大的肉髯,耳朵较长,有的一耳竖立,一耳下垂。体型较大,肌肉丰满,早期生长发育较慢,成年体重母兔5.9~7.3千克,公兔5.4~6.8千克,是偏于肉用的巨型品种。

我国引入的是标准型青紫蓝兔和美国型青紫蓝兔,经过半个多世纪的风土驯化和选育,青紫蓝兔已具有较强的适应性和耐粗饲性,不仅具有较高的皮用价值,而且还具有较好的产肉性能。繁殖力和生长速度也有了很大的提高,已完全适应了我国的自然条件,我国从南到北均有分布,深受群众的欢迎。

(七)日本白兔(Japanese White)

原产于日本,由中国白兔和日本兔杂交选育而成。

1. **体型外貌** 日本白兔被毛浓密而柔软,毛色纯白,眼睛红色,头较长,额较宽,耳朵长且直立,耳根细,耳端尖,形似柳叶。颈和体躯较长,四肢粗壮,母兔颈下有肉髯而公兔没有。

2. **生产性能** 日本白兔体型中等,成年体重4~5千克。性成熟早,繁殖性能好,特别是母性好,泌乳量高,被用作保姆兔或杂交母本。被毛浓密而柔软,皮张面积大,质地良好,是较好的皮肉兼用兔。耳薄,耳壳上血管明显清晰,是理想的实验用兔。较耐粗饲,适应性强,在我国饲养历史较长。生长发育较快,产肉性能较好,但由于该品种骨骼较大,屠宰率较低。

二、国内育成品种

(一)豫丰黄兔

原产于河南省濮阳市清丰县,属中型肉用型兔。

豫丰黄兔全身被毛呈黄色,腹部呈漂白色,毛短平光亮,皮板薄厚适中,靠皮板有一层茂盛密实的短绒,不易脱落,毛细、密、短,毛绒品质优。头小清秀,椭圆形,齐嘴头,成年母兔颌下肉髯明显;两耳长大直立,个别兔有向一侧下垂,耳郭薄,耳端钝;眼大有神,眼球黑色;背腰平直而长,臀部丰满,四肢强健有力,腹部较平坦。体躯正视似圆筒,侧视似长方形。

初生重51.3克,30天断奶体重656克,3月龄体重2 533克,6月龄体重3 676克,周岁体重4 756克。3月龄兔宰前体重2 675.2克,半净膛重1 482.7克,半净膛屠宰率为55.64%;全净膛重1 355.1克,全净膛屠宰率为50.98%。

性成熟期:公兔75日龄,母兔90日龄;初配年龄:公兔180日龄,母兔180日龄;初生窝重为513.0克,泌乳力3 009.6克,30天断奶窝重5 806克。窝产仔数9.81只,断奶仔兔数9.52只。

综合评价:该品种生长速度快、繁殖力较强、适应性广、耐粗饲粗放、产肉性能较高。其被毛为黄色,发展空间较大。目前,存栏量明显下降,生产指标有一定的降低,应加强保种和选育工作。

(二)哈尔滨大白兔

原产于哈尔滨中国农科院哈尔滨兽医研究所,属大型皮肉兼用型兔。

全身被毛纯白;头部大小适中,耳大直立略向两侧倾斜,眼大呈红色;背腰宽而平直,腹部紧凑有弹性,臀部宽圆,四肢强健,体躯结构匀称,肌肉丰满。初生窝重 405.5 克,21 日龄窝重 1 937.2 克,断奶窝重 5 297.0 克。断奶个体重 810~820 克,3 月龄体重 2 460~2 580 克,6 月龄体重 3 580~3 660 克,周岁体重 4 490~4 620 克。70 日龄屠宰胴体重:全净膛重 1 068.6 克,半净膛重 1 151.5 克,屠宰率 53.5%。

性成熟期 6~6.5 月龄,适配年龄 7~7.5 月龄。窝产仔数 7.4 只,窝产活仔数 7.0 只,断奶仔兔数 6.5 只。

综合评价:该兔具有早期生长快,繁殖性能好,适应性强,体型大等突出优点。2000 年后由于核心群散失,缺乏系统选育,其生产性能有所下降。目前,存栏量明显减少,保种和加强选育是当务之急。

(三)塞北兔

塞北兔体型大,呈长方形,头大小适中,耳宽大,一耳直立,一耳下垂,兼有直立耳和垂耳型。下颌宽大,嘴方正,鼻梁上有一黑色山峰线。颈稍短,颈下有肉髯。四肢粗短而健壮,结构匀称,体质结实,肌肉丰满。为标准毛类型,毛纤维长 3~3.5 厘米,被毛颜色有属于刺鼠毛类型的野兔色(平常所说的黄褐色)和红黄色(平时所说的黄色)及白化类型的纯白色,其中以黄褐色为主体。

成年塞北兔体长 54.36 厘米,胸围 36.58 厘米,体重 5 810 克。断奶(30 天)至 90 日龄的日增重,一般为 29 克左右,低的 24 克,高的平均可达到 36 克。料重比高的 4.5∶1,优秀群体可控制在 3.0∶1 左右。胎均产仔数 7.6 只,胎均产活仔数 7.2 只,初生窝重 523.4 克,21 天泌乳力平均 5 016 克。30 天断奶仔兔数 6.8 只,断奶窝重 4 773.5 克,断奶个体重平均 701.99 克。母兔的母性较强,产前拉毛率达到 94%。

综合评价:具有体型大,生长速度快,耐粗饲粗放,皮毛质量较好。其天然带色被毛作为目前和未来裘皮发展方向,具有较大的

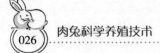

发展空间。根据调查,目前塞北兔的饲养量较 20 世纪 90 年代下滑严重。缺乏规范的系统选育,从生长发育到繁殖性能各个方面,均有一定的退化现象。保种和选育是当务之急。

三、地方兔品种资源

(一)福建黄兔

俗名闽黄兔,主要分布在福州地区的连江、福清、长乐、罗源、闽清、闽侯、古田、连城、漳平等县市,属小型肉用型兔。全身被深黄色或米黄色粗短毛,紧贴体躯,具有光泽,下颌沿腹部至跨部呈白色毛带。头大小适中,清秀。双耳小而稍厚、纯圆,呈 V 形,稍向前倾。眼大圆睁有神,虹膜呈棕褐色或黑褐色。身体结构紧凑,小巧灵活,胸部宽深,背平直,腰部宽,腹部结实钝圆,后躯发达丰满。

体重:初生重 45.0～56.5 克,30 日龄断奶重 356.49～508.77 克,3 月龄 858.10～1 023.76 克,6 月龄 2 817.50～2 947.50 克;增重:断奶后至 70 日龄的平均日增重 17～20 克,断奶后至 90 日龄的平均日增重 15～17.5 克,4 月龄屠宰,全净膛重 825.5～1 215.0 克,半净膛重 940.0～1 225 克,全净膛屠宰率 40.5%～49.4%。性成熟期:公兔 5 月龄,母兔 4 月龄;适配年龄:公兔 6 月龄,母兔 5 月龄;窝产活仔数 6～8 只,仔兔成活率 89.5%～93.0%。

综合评价:耐粗饲、适应性广,能适应多种饲养方式;肉质营养价值高,福建民俗认为福建黄兔肉对胃病、风湿病、肝炎、糖尿病等有独特的疗效。其主要缺点是生长速度较慢。

(二)闽西南黑兔

原名福建黑兔,俗名黑毛福建兔,属小型皮肉兼用兔。主要分布在福建省的上杭、屏南、德化等地,以及漳平、大田、古田等多数山区县(市)。

全身被深黑色粗短毛,紧贴体躯,具有光泽,乌黑发亮。体重:成年公兔2.241千克,成年母兔2.192千克;初生重40.0~52.5克,30日龄断奶380.5~410.5克,3月龄1230.83~1580.20克,6月龄2000~2250克。断奶后至70日龄的平均日增重15~18克,断奶后至90日龄的平均日增重13.2~14.1克。窝产活仔数5~6只。

综合评价:具有耐粗饲、适应性广、早熟,胴体品质好,屠宰率高,肉质营养价值高等优点;缺点是生长速度相对较慢。

(三)四川白兔

俗称菜兔,属小型皮肉兼用兔。体型小,被毛纯白色,头清秀,嘴较尖,无肉髯,两耳较短、厚度中等而直立,眼为红色,腰背平直、较窄,腹部紧凑有弹性,臀部欠丰满,四肢肌肉发达。成年体重2750(公)~2760克(母)。窝产仔数7.2只,屠宰率49.92%。

主要特点:性成熟早、配热窝能力强、繁殖率高,适应性广,容易饲养,体型小,肉质鲜嫩,是提高家兔繁殖率、开展抗病育种和培育观赏兔的优良育种材料。目前,分布区域主要在偏僻的山区,存栏量逐渐减少。

(四)九嶷山兔

俗称宁远白兔,属小型肉用型兔,兼观赏与皮用。以纯白毛、纯灰毛居多,其他毛色(黑、黄、花)占2%。

成年体重2.68~2.99千克,90日龄屠宰率49%~50%。胎产仔数7~8只,初生重45~50克,4周龄断奶重438克。4月龄体重2100克左右,屠宰率52%左右。

综合评价:适应性、抗病性强,体质健壮,耐粗放饲养,成活率

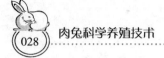

高;繁殖性能好,性成熟早,年产胎数多,死胎畸形少,仔兔成活率高;肉品质量优。但与引进的国外肉兔品种相比,其生长速度和饲料报酬相对较低。

(五)云南花兔(云南黑兔、云南白兔)

属小型肉皮兼用兔。主要分布在丽江、文山、临沧、德宏、昆明、大理、玉溪、红河、曲靖。以白色为主,黑色为辅,少量杂色。

初生重50克,32天断奶重546.6克,3月龄重1 667~1 693克,周岁体重2 710~2 810克。3月龄屠宰率50.6%~51.1%(半净膛)。性成熟期母兔15周龄,公兔16~18周龄。窝产仔数6~10只,断奶仔兔数6.7只(第四胎)。

综合评价:云南花兔适应性广,抗病力强,耐粗饲,繁殖性能强,仔兔的成活率高,屠宰率高,是难得的育种材料。云南花兔为肉皮兼用型品种,其肉特别好吃,可作为地方特色的兔肉产品进行开发。其皮张毛密度高、皮板厚、弹性好、保暖性强,尤其是夏、秋季的皮张质量好,保暖性优越。

(六)万载兔

属小型肉用型兔。分布于赣西边陲,锦江上游。

体型分为两种类型:一种称为火兔,又称为月兔,体型偏小,毛色以黑色为主;另一种称为木兔,又名四季兔,体型较大,以麻色为主。兔毛粗而短,着生紧密,少数还有灰色、白色。

体重:公兔2 146.27克,母兔2 033.71克。屠宰率公兔44.67%,母兔43.69%。性成熟期3~7月龄;每年可繁殖5~6胎。平均窝产仔数8只。

综合评价:遗传性能稳定,具有肉质好、适应性广、耐粗饲、繁殖率高、抗病能力强等优点,但万载兔体型小,生长慢,饲料报酬低。今后要形成完善的良种选育和亲交相结合的繁育体系,本品种选育要在保持繁殖力高、适应性强的前提下,加大体型,提高生长速度。

(七)太行山兔

又名虎皮黄兔,属中型皮肉兼用型兔。原产于河北省太行山区东麓东段中山区井陉县及其周边地区。

分标准型和中型两种。标准型:全身被毛栗黄色,单根毛纤维根部为白色,中部黄色,尖部为红棕色,眼球棕褐色,眼圈白色,腹毛白色;头清秀,耳较短厚直立,体型紧凑,背腰宽平,四肢健壮,体质结实。成年体重公兔平均 3.87 千克,母兔 3.54 千克;中型:全身毛色深黄色,在黄色毛的基础上,背部、后躯、两耳上缘、鼻端及尾背部毛尖为黑色。这种黑色毛梢,在 4 月龄前不明显,随年龄增长而加深。后躯两侧和后背稍带黑毛尖,头粗壮,脑门宽圆,耳长直立,背腰宽长,后躯发达。成年体重公兔平均 4.31 千克,母兔平均 4.37 千克。

体重:30 天断奶体重,标准型 545.6 克,中型 641.18 克;90 日龄体重,标准型 2 042 克,中型 2 204.4 克。日增重 26~27 克。料重比 3.45∶1。屠宰率 90 日龄全净膛屠宰率 48.5%。初生窝重 460~500 克,30 天断奶窝重 4 600~4 800 克。窝产仔数 8 只左右,最高的达到 16 只。年产仔一般 6~7 胎。

综合评价:具有典型的地方品种特色:适应性强、抗病力强,耐粗饲粗放,繁殖力高,母性好。但是,由于在粗放的饲养管理条件下培育,早期生长发育速度的性能没有得到挖掘。目前,存栏量急剧减少,保种任务艰巨。

(八)大耳黄兔

属肉用型兔。原产于河北省中南部的邢台市广宗县、巨鹿一带。

被毛和体型两个方面可以分为两个类型。A 系被毛橘黄色,耳朵和臀部有黑毛尖;B 系全身被毛杏黄色,色淡而较一致,没有黑色毛尖。两系腹部均为乳白色。四肢内侧、眼圈、腹下渐浅。头大小适中,多为长方形,两耳长大直立,耳壳较薄,耳端钝圆,眼球黑色或深蓝色,背腰长而较宽平,肌肉发育良好,腹大有弹性,后躯发达,臀部丰满,四肢端正。

成年体重公兔 4 975.8 克,母兔 5 128.45 克。30 天断奶体重620.40 克,3 月龄体重 2 956.25 克。胴体重:全净膛胴体重1 430.54 克,半净膛胴体重 1 596.24 克。屠宰率:半净膛屠宰率54%,全净膛屠宰率 48.39%。

性成熟期:4.5 月龄,窝产仔数 8.5 只,断奶仔兔数 7.6 只。

综合评价:属于大型肉兔,具有生长速度快、繁殖力较强、适应性广、耐粗饲粗放、产肉性能较高等优点。其被毛为黄色,发展空间较大。该品种以大型肉兔弗朗德巨兔为基础培育而成,继承了其一些优点,同时带有其一些缺点。比如容易的脚皮炎,不耐频密繁殖等。目前,存栏量急剧下降,应加强保种工作。

四、配套系

(一)齐卡配套系

由德国育种专家 Zimmerman 博士和 L. Dempsher 教授培育出来的具有世界先进水平的专门化品系,由齐卡巨型白兔(G)、齐卡新西兰白兔(N)和齐卡白兔(Z)三个肉兔专门化品系组成,1986年四川省畜牧科学研究院引进一套原种曾祖代,是我国乃至亚洲引入的第一个肉兔配套系。

外貌特征:齐卡巨型白兔全身被毛长、纯白,体型长大、头部粗壮,耳宽、长,眼红色;背腰平直,臀部宽圆,前后驱发达;齐卡新西兰白兔全身被毛纯白;头部粗短,耳宽、短,眼红色;背腰宽而平直,腹部紧凑有弹性,臀部宽圆,后驱发达,肌肉丰满;齐卡白兔全身被毛纯白、密;头型、体躯清秀,耳宽、中等长,眼红色;背腰宽而平直,腹部紧凑有弹性,前后驱结构紧凑,四肢强健。

生产性能:产肉性能见表2-1,繁殖性能见表2-2。

表2-1　齐卡配套系70日龄产肉性能表

品　种	全净膛重(克)	半净膛重(克)	屠宰率(%)	日增重(克)	料肉比
G	1127.5	1241.7	50.79	35.6	3.2：1
N	1031.4	1121.4	53.77	32.5	3.23：1
Z	855.3	933.7	50.4	30.2	3.35：1

表2-2　齐卡配套系繁殖性能表

品　种	性成熟期(月龄)	适配年龄(月龄)	妊娠期(天)	初生窝重(克)	21日龄窝重(克)	断奶窝重(克)	窝产仔数(只)	窝产活仔数(只)	断奶仔兔数(只)	仔兔成活率(%)
G	7	9	31.7	461.8	2272.8	6435	7.4	7.2	6.6	91.7
N	6	7	30.9	413.7	1999.2	5226	7.4	7.2	6.7	93.1
Z	4.5	5.5	30.6	353.3	1566.0	4416	7.5	7.2	6.9	95.8

综合评价:齐卡配套系具有生长发育快、繁殖性能好、成活率及饲料转化率高等优点,但因受我国国情(小规模饲养和散养户居多)及生产水平的限制,按标准配套模式生产商品兔的推广应用不广,但在国内肉兔的杂交育种和品种改良及商品肉兔生产中做出了重大贡献,已成为我国肉兔生产最大的省——四川及其周边的重庆、云南和贵州省主要的种兔来源。

(二)伊普吕配套系

由法国克里莫股份有限公司经过20多年的精心培育而成。

该配套系是多品种(品系)杂交配套模式,共有 8 个专门化品系。我国山东省菏泽市颐中集团科技养殖基地于 1998 年 9 月从法国克里莫公司引进四个系的祖代兔 2 000 只,分别作为父系的巨型系、标准系和黑色眼睛素,以及作母系的标准系;山东青岛康大集团公司于 2005 年 10 月份引进祖代 1 100 只。山东德州中澳集团于 2006 年 6 月引进 600 只。2015 年 4 月河南济源阳光兔业从法国克里莫公司引起了完善的配套系——曾祖代,与以往引进的三系配套不同,此为 A、B、C、D 四系配套。

本次引进的伊普吕配套系,作为父系的 A(父本)为白色,B(母本)为八点黑;作为母系的 C(父本)为八点黑,D(母本)为白色。与伊拉配套系毛色有所不同。

A 系:白色,出生体重 73 克,日增重 58~60 克,断奶体重 1 200 克,出肉率 59%~60%,使用年限 1~1.5 年;

B 系:八点黑,出生体重 78 克,日增重 56~61 克,断奶体重 1 180 克,出肉率 59%,使用年限 1~1.5 年;

C 系:八点黑,出生体重 66 克,断奶体重 1 020 克,使用年限 0.8~1.5 年;

D 系:白色,出生体重 61 克,断奶体重 1 021 克,使用年限 0.8~1.5 年。

AB 系:出生重 75 克,日增重 57~61 克,断奶体重 1 200 克,出肉率 59%,成年体重 6.3~6.7 千克,使用年限 1~1.5 年。

CD 系:出生重 62 克,断奶体重 1 025 克,成年体重 4.7 千克,使用年限 0.8~1.5 年,配种产仔率 87.3%,乳头数 9~10 枚,窝均选留 9.5 只,母性极强。

ABCG 商品代:出生重 65~70 克,断奶体重 1 035 克,72 日龄出栏体重 2 430 克,出栏成活率 93%以上。

2014 年伊普吕商品兔场生产性能见表 2-3。

表2-3　2014年伊普吕商品兔场性能

性　状	A系	B系	C系	D系	AB/CD 平均（a）	AB/CD 平均（b）
分娩率%	80.27	80.37	89.64	83.79	84.58	87.31
产活仔数/胎	6.6	7.62	10.37	9.88	10.28	10.69
断奶仔兔数/胎	6.25	6.84	9.71	9.20	8.98	9.34
体　重	2964（1）	3317（2）	2250（2）	2250（2）	2430（3）	2501（3）
屠宰率	58.50	59.10			57.41	57.66
FCR					3.3	3.1

注：（a）人工授精500 000胎平均数；（b）25%优秀群体均数；

（1）63天选种体重；（2）70日龄选种体重；（3）72日龄商品兔屠宰体重。

（三）伊拉配套系

法国欧洲兔业公司在20世纪70年代末培育成的杂交配套系，它由9个原始品种经不同杂交组合和选育筛选出的A、B、C、D 4个系组成，各系独具特点。2000年5月25日山东省安丘绿洲兔业有限公司首批引进，此后青岛康大集团再次引进。

品种特征和生长发育：父系呈"八点黑"特征，母系毛纯白。商品代兔耳缘、鼻端浅灰或纯白，毛稍长，手感和回弹性好。父系头粗重，嘴钝圆，额宽；两耳中等长，宽厚，略向前倾或直立，耳毛较丰厚，血管不清晰；颈部粗短，颈肩结合良好，颌下肉髯不明显；母系头型清秀，耳大直立，形似柳叶。颈部稍细长，有较小的肉髯。父系呈圆筒形，胸部宽深，背部宽平，胸肋肌肉丰满，后躯发达，臀部宽圆；母系躯体较长，骨架较大，肌肉不够丰满。脚底毛粗而浓密，可有效预防脚皮炎。

体重：父母代成年母兔体重为4 266.7克，父母代成年公兔体重为4 396.7克。

配套模式：由A、B、C、D四个不同品系杂交组合而成，其模式见图 2-1。

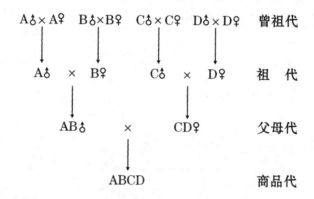

图 2-1　伊拉配套系模式示意图

　　综合评价：伊拉配套系具有早期生长发育快、饲料报酬高、屠宰率高的性能特点。在良好的饲养管理条件下，年可繁殖 7~8 胎，胎均产仔 9 只以上，初生体重可达 60 克以上，28 日龄断奶体重 700 克，70 日龄体重可达 2.52 千克，饲料报酬 2.7~2.9：1，半净膛屠宰率 58%~60%。适应规模化笼养，抗病力强。不耐粗饲，对饲养管理条件要求较高，在粗放的饲养条件下很难发挥其早期生长发育较快的优势。伊拉兔引进国内后，经过十几年的风土驯化，已完全适应我国不同区域的气候、温度、饲草等条件，生产性能得到很大程度的提高。由于配套系的保持和提高需要完整的技术体系、足够的亲本数量和血统、良好的培育条件和过硬的育种技术，生产中易出现代、系混杂现象，应引起足够重视。

　　使用肉兔配套系进行生产是现代集约化肉兔生产中最有优势的生产模式，但我国当前乃至今后相当长的时期仍将是规模化养殖与农户小规模甚至分散养殖并存的现状，而配套系在后一种生产模式下很难推广应用，因此在具体生产中应区别对待。

(四)艾哥肉兔配套系

艾哥肉兔配套系(ELCO)是由法国艾哥(Elco)公司养兔专家贝蒂先生经多年精心培育而成的大型白色肉兔配套系。由 A、B、C、D 4 个专门化品系组成。由于我国是从法国的布列塔尼亚兔地区引进，因此国内又称布列塔尼亚兔。黑龙江省双城市龙华畜产有限公司和吉林松原市永生绿草畜牧有限公司 1994 年引入该兔。

A 系(GP111)：为祖代父系，成年体重 5.8 千克以上，性成熟期 26~28 周龄，70 日龄体重 2.5~2.7 千克，28~70 日龄饲料报酬 2.8：1。

B 系(GP121)：为祖代母系，成年体重 5.0 千克以上，性成熟期 121±2 天，70 日龄体重 2.5~2.7 千克，28~70 日龄饲料报酬 3.0：1，每只母兔每年可生产断奶仔兔 50 只。

C 系(GP172)：为祖代父系，成年体重 3.8~4.2 千克，性成熟期 22~24 周龄，性情活泼，公兔性欲旺盛，配种能力强。

D 系(GP122)：为祖代母系，成年体重 4.2~4.4 千克，性成熟期 117±2 天，每只母兔年产成活仔兔 80~90 只，具有极好的繁殖性能。

AB：为父母代之父系(P231)，由 A、B 两个品系合成，成年体重 5.5 千克以上，性成熟期 26~28 周龄，产肉性能好，28~70 日龄日增重 42 克，饲料报酬 2.8：1，淘汰后屠宰率 58%。

CD：为父母代之母系(P292)，由 C、D 两个品系合成，成年体重 4.0~4.2 千克，性成熟期 117±2 天，繁殖性能好，胎产仔 10~10.2 只，胎产活仔数 9.3~9.5 只，28 天断奶成活仔兔 8.8~9.0 只，出栏成活 8.3~8.5 只。每只母兔每年可繁殖商品代仔兔 90~100 只。

ABCD：为商品代，70 日龄体重 2.4~2.5 千克，饲料报酬 2.8~2.9：1。

该配套系是在良好的环境气候和营养条件下培育而成的,具有很高的繁殖性能和育肥性能。引入我国后,在黑龙江、吉林、山东和河北等地饲养,表现出良好的繁殖能力和生长潜力。配套系的保持和提高需要完整的体系、足够的数量和血统、良好的培育条件及过硬的育种技术。由于我国没有引进完整的配套系(没有引进曾祖代),而且引进兔的毛色均为白色,在代、系的区分方面有一定难度,因而生产中出现代、系混杂现象,应引起重视。

(五)康大配套系

　　1. 配套系组成　康大肉兔配套系分别为康大 1 号肉兔配套系、康大 2 号肉兔配套系、康大 3 号肉兔配套系。

　　康大 1 号配套系由青岛康大兔业发展有限公司和山东农业大学培育的康大肉兔Ⅰ、Ⅱ系和Ⅵ系 3 个专门化品系构成。

　　康大 2 号配套系由康大肉兔Ⅰ系、Ⅱ系和Ⅶ系 3 个专门化品系构成。

　　康大 3 号配套系由康大肉兔Ⅰ系、Ⅱ系、Ⅴ系和Ⅵ系 4 个专门化品系构成。

　　康大肉兔Ⅰ系以法国伊普吕肉兔 GD14 和 PS19 作为主要育种材料,经合成杂交和定向选育而来。

　　康大肉兔Ⅱ系以法国伊普吕肉兔 GD24 和 PS19 作为主要育种材料,经合成杂交和定向选育而来。

　　康大肉兔Ⅴ系以法国伊普吕肉兔 GD54、GD64 和 PS59 作为主要育种材料,经多代合成杂交和定向选育而来。

　　康大肉兔Ⅵ系以泰山肉兔为主要育种材料,经连续多世代定向选育而来。

　　康大肉兔Ⅶ系以香槟兔作为主要育种材料,经多代定向选育而来。

2. 配套模式如下 见图 2-2。

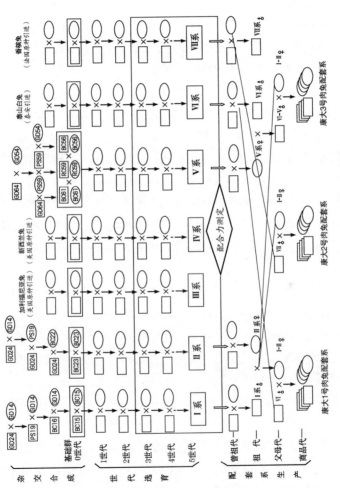

图 2-2 康大肉兔配套系育种模式示意图

3. 品系特征

（1）康大1号配套系

①曾祖代和祖代

康大肉兔Ⅰ系：被毛纯白色，眼球粉红色，耳中等大、直立，头型清秀，体质结实，结构匀称。四肢健壮，背腰长，中后躯发育良好；有效乳头 4~5 对。母性好，性情温驯。

康大肉兔Ⅱ系：被毛为末端黑毛色，即两耳、鼻黑色或灰色，尾端和四肢末端浅灰色，其余部位纯白色；眼球粉红色，耳中等大、直立，头型清秀，体质结实，四肢健壮，脚毛丰厚。体躯结构匀称，前中后躯发育良好；有效乳头 4~5 对。性情温顺，母性好，泌乳力强。

康大肉兔Ⅵ系：被毛为纯白色；眼球粉红色，耳宽大、直立或略微前倾，头大额宽，四肢粗壮，脚毛丰厚，体质结实，胸宽深，背腰平直，腿臀肌肉发达，体型呈典型的肉用体型。有效乳头 4 对。

②父母代

Ⅰ／Ⅱ系♀：被毛体躯呈纯白色，末端呈黑灰色，耳中等大、直立，头型清秀，体质结实，结构匀称，有效乳头 4~5 对。性情温顺，母性好，泌乳力强。平均胎产活仔数 10.0~10.5 只，35 日龄平均断奶个体重 920 克以上。成年母兔体长 40~45 厘米，胸围 35~39 厘米，体重 4.5~5.0 千克。

Ⅵ系♂：特征同上。性成熟期 20~22 周龄，26~28 周龄配种繁殖。

③商品代　体躯被毛白色或末端灰色，体质结实，四肢健壮，结构匀称，全身肌肉丰满，中后躯发育良好。10 周龄出栏体重 2 400 克左右，料重比低于 3.0；12 周出栏体重 2 900 克左右，料重比 3.2~3.4，屠宰率 53%~55%。

(2)康大2号配套系

①曾祖代和祖代

康大肉兔Ⅰ系、Ⅱ系(同上)。

康大肉兔Ⅶ系:被毛黑色,部分深灰色或棕色,被毛较短,平均2.32厘米,眼球黑色,耳中等大、直立,头型圆大,四肢粗壮,体质结实,胸宽深,背腰平直,腿臀肌肉发达,体型呈典型的肉用体型。有效乳头4对。

②父　母　代

Ⅰ/Ⅱ系♀:被毛体躯呈纯白色,末端呈黑灰色,耳中等大、直立,头型清秀,体质结实,结构匀称,有效乳头4~5对。性情温顺,母性好,泌乳力强。平均胎产活仔数9.7~10.2只,35日龄平均断奶个体重950克以上。成年兔体长40~45厘米,胸围35~39厘米。公兔的成年体重4.5~5.3千克,母兔成年体重4.5~5.0千克。全净膛屠宰率为50%~52%。

Ⅶ系♂:特征同上。性成熟20~22周龄,26~28周龄配种繁殖。

③商品代　毛色为黑色,部分深灰色或棕色,被毛较短,眼球黑色,耳中等大、直立,头型圆大,四肢粗壮,体质结实,胸宽深,背腰平直,腿臀肌肉发达,体型呈典型的肉用体型。10周龄出栏体重2 300~2 500克,料重比2.8~3.1;12周龄出栏体重2 800~3 000克,料重比3.2~3.4。屠宰率53%~55%。

(3)康大3号配套系

①曾祖代和祖代

康大肉兔Ⅰ系、Ⅱ系、Ⅵ系:同上。

康大肉兔Ⅴ系:纯白色;眼球粉红色,耳大宽厚、直立,平均耳长13.50厘米,平均耳宽7.80厘米,头大额宽,四肢粗壮,脚毛丰厚,体质结实,胸宽深,背腰平直,腿臀肌肉发达,体型呈典型的肉用体型。有效乳头4对。

②父母代

Ⅰ/Ⅱ♀：被毛体躯呈纯白色，末端呈黑灰色，耳中等大、直立，头型清秀，体质结实，结构匀称，有效乳头4～5对。性情温顺，母性好，泌乳力强。平均胎产活仔数9.8～10.3只，35日龄平均断奶个体重930克以上。成年兔体长40～45厘米，胸围35～39厘米。公兔成年体重4.5～5.3千克，母兔成年体重4.5～5.0千克。全净膛屠宰率为50%～52%。

Ⅵ/Ⅴ♂：纯白色，眼球粉红色，耳大宽厚、直立，头大额宽，四肢粗壮，脚毛丰厚，体质结实，胸宽深，背腰平直，腿臀肌肉发达，体型呈典型的肉用体型。有效乳头4对。平均胎产活仔数8.4～9.5只，公兔成年体重5.3～5.9千克。20～22周龄达到性成熟，26～28周龄可以配种繁殖。

③商品代　被毛白色或末端黑毛色，体质结实，四肢健壮，结构匀称，全身肌肉丰满，中、后躯发育良好。10周龄出栏体重2 400～2 600克，料重比低于3.0；12周龄出栏体重2 900～3 100克，料重比3.2～3.4，屠宰率53%～55%。

4. 产肉性能　康大肉兔Ⅰ系的全净膛屠宰率为48%～50%；康大肉兔Ⅱ系的全净膛屠宰率为50%～52%；康大肉兔Ⅴ系的全净膛屠宰率为53%～55%；康大肉兔Ⅵ系的全净膛屠宰率为53%～55%；康大肉兔Ⅶ系的全净膛屠宰率为53%～55%。

5. 繁殖性能　康大肉兔Ⅰ系16～18周龄达到性成熟，20～22周龄可以配种繁殖；康大肉兔Ⅰ系平均胎产活仔数9.2～9.6只，28日龄平均断奶个体重650克以上或35日龄平均断奶个体重900克以上；康大肉兔Ⅱ系16～18周龄达到性成熟，20～22周龄可以配种繁殖；康大肉兔Ⅱ系平均胎产活仔数9.3～9.8只，28日龄平均断奶个体重650克以上或35日龄平均断奶个体重900克以上；康大肉兔Ⅴ系20～22周龄达到性成熟，26～28周龄可以配种繁殖；康大肉兔Ⅴ系平均胎产活仔数8.5～9.0只，28日龄平均断奶个体重 700 克以上或 35 日龄平均断奶个体重 950 克以上；康大肉兔Ⅵ系 20~22 周龄达到性成熟，26~28 周龄可以配种繁殖；康大肉兔Ⅵ系平均胎产活仔数 8.0~8.6 只，28 日龄平均断奶个体重 700 克以上或 35 日龄平均断奶个体重 950 克以上；康大肉兔Ⅶ系 20~22 周龄达到性成熟，26~28 周龄可以配种繁殖；康大肉兔Ⅶ系平均胎产活仔数 8.5~9.0 只，28 日龄平均断奶个体重 700 克以上或 35 日龄平均断奶个体重 950 克以上。

6. **综合评价** 该配套系具有极其出色的繁殖性能：父母代平均胎产仔数 10.30~10.89 只，产活仔数 9.76~10.57 只，情期受胎率 80% 以上，断奶成活率 92%~95%。在采取适当降温措施下可以做到夏季不休繁，显著优于引进的国外配套系。

适应性、抗病抗逆性好。表现为对饲料变换产生的应激反应较小、对饲料品质要求较低，生产中发病少，成活率高；经证明，不仅适应山东和华北、华东地区饲养，而且在东北严寒、四川夏季湿热的情况下表现良好，优于国外引进配套系。

康大配套系的育成结束了我国肉兔配套系长期完全依赖进口的历史，填补了国内肉兔育种空白，对提升我国肉兔企业核心竞争力、增加肉兔养殖效益，具有十分重要的意义。

目前，该配套系仅在该企业应用，今后应该逐步推广到全国适宜地区或企业。

第三章

兔场设计与环境控制

一、兔场选址与规划

(一)场址选择

兔场是肉兔的生存环境,场址选择恰当与否,直接关系到养兔生产、兔群健康和兔场经营。应根据肉兔的生物学特性、防疫的基本要求及建筑学原则等科学地选择场址。

1. **地势** 应选择在地势高燥、有适当坡度、地下水位低、排水良好和背风向阳的地方建场。根据肉兔喜干燥、厌潮湿污浊这一特性,要求地势高燥,地下水位应在 2 米以下。低洼潮湿的场地不仅容易造成病原微生物的孳生、繁衍,且不利于防洪,对肉兔的健康构成威胁。地势过高,容易受到寒风的侵袭,造成过冷的环境,对兔群健康不利,并且给交通运输带来困难。兔场地面要求平坦而稍有坡度,以便排水,防止积水和泥泞。地面坡度不可过大,以控制在 3% 以内为宜。

2. **水源和水质** 兔场每天需要大量的水。肉兔的饮水量为采食量的 1.5~2 倍,夏季可为采食量的 4 倍以上。兔舍、笼具清洁卫生用水,种植饲料作物用水,以及日常生活用水等的需水量不可小视。肉兔饮水水质直接影响肉兔和人员的健康。因此,水源和水质应作为兔场选址工作优先考虑的一个重要因素。理想的水源是泉水和自来水,其次是井水及流动无污染的河水。坑、塘中的死水因受细菌、寄生虫和有毒化学物质的污染,不宜作为兔场的水源,必须使用时,可设沙缸过滤、澄清,并用1%漂白粉液消毒后使用。

3. **土质**　兔场以选择透气性强、吸湿性和导热性小的沙壤土为宜。沙壤土透水性强,能保持干燥,有利于防止病原菌、寄生虫卵的生存和繁殖,有利于土壤本身净化,导热性小,有良好的保温性能,可为兔群提供良好的生活条件。沙质土壤的颗粒较大,强度大,承受压力大,在结冰时不会膨胀,能满足建筑上的要求。

4. **交通及电力**　兔场应建在交通较便利的地方。从卫生防疫角度出发,兔场距离交通主干道应在300米以上,距离一般道路100米以上,以便形成卫生缓冲带。兔场与居民区应有200米以上的间距,并且处在居民区的下风向,避免兔场成为周围居民区的污染源。

大规模兔场对电有很强的依赖性,因此还应有自备电源,以保证场内供电稳定性和可靠性。

5. **周围环境**　规模化兔场必须考虑周围环境。兔场应位于居民点的下风向,地势低于居民点,但要避开排污口。兔场要远离污染源(如屠宰场、畜产品加工厂、化工厂、造纸厂、制革厂、牲畜交易市场)和噪声源(如汽车站、火车站、拖拉机站、沙石厂、燃放鞭炮场地)。其基本原则是兔场既不能给人们的生活带来不利,又不受周围环境的不利影响。

6. **朝向**　兔场朝向应以日照和当地主导风向为依据,使兔场的长轴与夏季的主导风向垂直。我国多数地区夏季盛行东南风,冬季多为东北风或西北风。因此,坐北朝南的兔场场址和兔舍朝

向较为理想,这样有利于夏季的通风和冬季获得较多的光照。

7. **面积和地形**　兔场面积在满足兔场当时的生产需要外,还应为今后的发展留有余地。大型兔场,1只基础母兔及其后代应有 0.6 米^2 的建筑面积,兔场建筑系数约为 15%。应根据兔场基础母兔的多少计算兔场的建筑面积。

兔场的地形应相对紧凑,尽量减少边角,这样不仅使兔场整齐,便于管理,而且可减少围墙、道路及管线的长度,节约建筑费用。

(二)兔场布局

规模化兔场多采用分区规划、分区管理,以保证人、兔健康,有利于组织生产、环境保护、节约用地。兔场一般可分为办公区、生活福利区、生产区、管理区和兽医隔离区等。

兔场是一个有机的整体,不同区域之间有着密不可分的联系。因此,在分区规划时,要按照兔场兔群的组成和规模,饲养工艺要求,喂料、粪尿处理和兔群周转等工艺流程,针对当地的地形、自然环境和交通运输条件等进行兔场的总体布局,合理安排生产区、管理区、生活区、辅助生产区及发展规划等。总体布局是否合理,不仅关系到兔场的建筑投资,而且对兔场长期的生产活动造成影响。各区的顺序应根据当地全年主导风向和兔场地势来安排。分区规划必须遵循:人、兔、排污,以人为先、排污为后的排列顺序;风与水,以风向为主的排列顺序。

1. **办公区**　办公区主要是兔场的管理人员及技术人员工作的场所,包括办公室、会议室、接待室、会计室和技术室等。

办公室是兔场决策领导工作的主要区域,对外联络、业务洽谈和财务结算、职工会议和技术培训都在这里进行,人员和车辆来往频繁。因此,要单独成院,独立设区,与生产区保持一定距离,位于交通便利、地理位置显著的地方;其地势和风向位于最佳处。

2. **生活福利区**　生活福利区是大型养兔企业用于职工生活和文体娱乐活动的区域,主要包括职工宿舍、食堂、浴室和文体娱乐场所等。应设在全场地势较高的地段和上风向,一般应单独成院;既要考虑工作与生活的方便,又要与生产区保持适宜的距离。因此,应与办公区保持较近的距离,严禁与生产区混建。

3. **生产区**　是兔场的核心部分,生产区的管理关系到兔场效益和整个兔场的存亡。生产区建筑物包括核心种兔舍(种公兔、种母兔舍)、繁殖兔舍、幼兔舍、育成兔舍和育肥兔舍等。生产区应设在人流较少处和生产区的上风方位,必要时加强与外界隔离措施。优良种公兔、种母兔(核心兔群)舍,关系到兔场兔群的质量,要放在僻静、环境最佳的上风方位。繁殖兔舍靠近育成兔舍,以便兔群周转;幼兔舍和育成兔舍放在空气新鲜、疫病较少的位置,可为以后生产力的发挥打下良好的体质基础;育肥兔舍应安排在靠近兔场的出口处,以减少外界的疫情对场区深处传播的机会,同时便于出售种兔或商品兔。

4. **管理区**　是兔场生产的物质保障区,包括饲料原料仓库、饲料加工车间、干草库、水电房和维修间等。场外运输应严格与场内运输分开,负责场外运输的车辆严禁进入生产区,其车辆、车库均应设在生产区之外。饲料加工间应建在兔场和兔舍的中心地带,饲料原料仓库和饲料加工间应靠近饲料成品间,以便于生产操作。饲料成品间应与生产区保持一定的距离,以免污染,但又不能太远,以提高生产人员的工作效率。管理区与外界联系较多(如饲料原料的购入、车辆进出等),饲料加工车间还会产生一定的噪声。因此,管理区与生产区应保持一定的距离。

5. **兽医隔离区**　兽医隔离区是诊治、隔离病兔,处理病死兔和垃圾的区域,包括兽医诊断室、病兔隔离舍、无害化处理室、蓄粪池和污水处理池等。该区是病兔、污物集中之地,是卫生防疫和环境保护工作的重点。为防止疫病传播,应设在全场下风向和地势

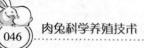

较低处,并设隔离屏障(栅栏、林带和围墙等)。生产区与兽医隔离区之间的距离应不少于 100 米。应单独设出入口,出入口处设置长度不少于运输车轮一周半、宽度与大门相同的消毒池,门旁设置人员消毒更衣间。

(三)兔场规划

兔场规划主要包括兔舍的朝向、间距、道路和绿化等。兔舍一般应坐北朝南,兔舍的长轴与夏季主导风向垂直。但是,多排兔舍平行排列时,兔舍长轴与夏季的主导方向呈 30°左右的夹角,可使每排兔舍获得较好的通风效果。

多栋兔舍平行排列的情况下,为利于采光、通风和预防疾病传播,兔舍间距应不少于兔舍高的 1.5~2 倍。

兔舍清洁道和污染道分开,避免交叉。清洁道是运送饲料和工作人员行走的道路,污染道是运送粪便、垃圾和病死兔的道路。在总体设计时,要采用直线道路,道路要坚实,路面向两侧略有弧度,以利于排水。

场区绿化不仅可以美化环境,改善小气候,而且还可起到防火、防疫、减少空气中的细菌含量、减噪等作用。场界周边宜种植乔木、灌木混合林带。分隔场内各区的林带,宜种植树干高、树冠大的乔木,株间距稍大。在靠近建筑物的采光地段,不宜种植枝叶过密、过于高大的树种,以免影响采光。兔舍墙边栽种葛藤、爬山虎等藤蔓植物,遮阴效果较为理想。

二、兔舍设计和建筑

(一)兔舍设计的原则

兔舍建造是否合理,直接影响肉兔的健康、生产力的发挥和饲养人员的劳动效率。设计和建造兔舍应遵循以下原则：

1. **符合肉兔的生物学特性** 符合肉兔的生物学特性,才能保证肉兔健康生长和繁殖,提高生产力,增加经济效益。如肉兔喜欢干燥的环境,厌恶潮湿的地方,兔舍就应建造在地势高燥、便于排水的地方,且要通风良好。肉兔怕热,兔舍就应保证夏季能够隔热降温;肉兔胆小怕惊,兔舍就应隔音效果好,封闭严实,能够防止其他动物的闯入;肉兔具有啮齿行为,兔笼及其笼具就应防啃咬。

2. **设计科学合理** 兔舍长度、跨度、舍高要根据生产规模、生产目的合理安排,不仅要便于环境控制,还要便于饲养人员的日常管理操作。否则,不合理的设计将会加大饲养人员的劳动强度,影响工作情绪,从而降低劳动生产率。

3. **满足生产流程** 兔舍设计应满足不同用途兔场生产流程的需要,避免生产流程中各环节上的脱节或不协调、不配套。如种兔场,应按种兔生产流程设计建造相应的种兔舍、后备兔舍等;商品兔场应设计种兔舍、商品兔舍等。各类型兔舍、兔笼的结构要合理,数量要配套。

4. **经济实用** 设计兔舍时,应综合考虑饲养规模、饲养目的、家兔品种等因素,并从自身的经济实力出发,因地制宜、因陋就简,不要盲目追求兔舍的现代化,搞形象工程。要讲究实效,注重整体合理、协调。同时,兔舍设计还应结合生产经营者的发展规划和设想,为今后的发展留有余地。

(二)兔舍设计与建筑的一般要求

兔舍设计与建筑既要符合建筑学要求,又要符合肉兔习性方面的专业要求。

1. **地基与基础** 地基指支撑整个建筑物的土层。一般小型兔场可直接修建在天然地基上,或稍加夯实。大型兔场对地基压力大,必须进行加固,以防建筑物下沉,引起裂缝和倾斜。天然地基的土层必须坚实,组成一致,干燥,有足够的厚度,压缩性小,地下水位在 2 米以下。一般沙砾、碎石和岩性土层的压缩性小,沙质土壤是良好的天然地基。黏土、黄土含水多时压缩性大,且冬季的膨胀性大,如不能保持干燥,不适宜作天然地基。

基础是建筑物深入土层的部分,是墙的延伸,主要起承载兔舍本身重量及其舍内家兔、设备及屋顶等重量的作用。因此,基础要坚固耐久,有适当的抗机械能力及抗震、防潮、抗冻能力。基础比墙宽 10~15 厘米,基础埋置深度一般为 50~70 厘米。我国北方地区,应将基础埋置深度在土层最大冻结深度以下,同时还应加强基础的防潮、防水。

2. 墙　墙是兔舍分隔、维护和承重的主要结构,对兔舍温度、湿度等环境稳定起重要作用。墙壁要求坚固、耐久、严密、防水、抗震,结构简单,便于消毒,具有良好的保温隔热性能。墙的保温隔热性能建筑材料和厚度有关。我国多用砖体结构,厚度一般为一砖至一砖半,寒冷地区适当加厚。墙壁下部设围墙,增加坚固性,防止水气深入墙体,提高墙的保温性。为增强反光能力和保持清洁,内表面粉刷成白色。用空心砖代替普通红砖,墙的热阻系数可提高 41%,加气法混凝土块则可提高 6 倍,但造价也大大提高,在建造选材时应量力而为。

3. 窗　窗的主要作用在于获取阳光和通风换气。设置窗的基本原则:在保证采光系数的条件下,尽量少设窗户,以保证夏季通风和冬季保温。在总面积相同时,大窗户较小窗户有利于采光;为保证兔舍的采光均匀,窗户应在墙体上等距离分布,窗户间的宽度不应超过窗户宽度的 2 倍;立式窗户比卧式(扁平)窗户更有利于采光,但不利于保温。因此,寒冷地区多采用卧式窗户,而我国南方地区正好相反。

窗户的采光面积用采光系数来表示(窗户的有效采光面积:舍内地面面积)。兔舍的采光系数一般为:种兔舍 1∶10 左右,育肥舍1:15左右。阳光入射角也可以表示窗户的采光能力,是兔舍地面中央一点到窗户上缘所引的直线与地面水平线之间的夹角。入射角越大,越有利于采光。兔舍窗户的入射角一般不小于25°。

4. 门 兔舍门有内门和外门,可采用木门或铁丝网门。舍内分间的门和兔舍附属建筑通向舍内的门称为内门;通向舍外的门称为外门。对于较长的兔舍每栋至少有2个外门,一般设在两端,正对中央通道,便于饲料车和粪车的通行。若兔舍长度超过30米,可在纵墙中间设门,多设在阳面。寒冷地区禁忌在北面设门,最好设门斗,以加强保温和防止冷空气的进入。

兔舍门应结实,开启方便,关闭严实,防兽侵,一般向外拉启。表面无锐物,门下无台阶。兔舍门要有防蚊蝇设备,如在门上覆盖软塑纱网。

5. 舍顶及天棚 舍顶是兔舍上部的外围护结构,用于防止降水和风沙侵袭及隔绝太阳辐射热,无论对冬季的保温和夏季的隔热,都有重要意义。舍顶支撑在墙上,除承担本身的重量以外,还要抵御风和积雪等外力。舍顶主要有平顶式、双坡式、单坡式、联合式、半钟楼式、钟楼式、拱式和平拱式等形式。

生产中,单坡式和平顶式适合于跨度较小的兔舍;联合式、钟楼式、半钟楼式适合于采光条件较好,从顶部补充光照和辅助换气的兔舍;双坡式、拱式和平拱式适合跨度较大的工厂化兔舍。

天棚又称顶棚、天花板,是将兔舍与舍顶下空间隔开的结构,使该空间形成一个不流动的空气缓冲层,主要功能是加强冬季保温和夏季隔热效果,同时也有利于通风换气。

屋顶和天棚的失热量最多36%~44%。一方面是由于它们的面积较大,另一方面热空气上升,热能易通过屋顶散失。因此,要求结构要严密、不透气。透气不仅会破坏顶楼间空气的稳定,还会降低保温效果;而且,水汽侵入会使保温层变潮或在屋顶下挂霜、结冰,增加导热性。天棚应选择隔热性好的材料,如玻璃棉、聚苯乙烯泡沫塑料等。

屋顶坡度可用高跨比(H：L)来衡量,一般兔舍高跨比为1：2即45°坡。在积雪和多雨地区,坡度应大些,一般高跨比为1：2~5。

6. 舍高、跨度及长度 兔舍的高度应根据气候特点及笼具形式而定。炎热地区、跨度大的兔舍和多层笼养方式,兔舍宜高,一般兔舍高度为2.5~3.0米。在我国南方地区可适当增加高度,而在北方寒冷地区可适当降低高度。但是,用多层兔笼时,最顶层兔笼离天花板的高度不应小于1.3米。兔舍的跨度没有统一规定,一般来说,单列式应控制在3米以内,双列式在4米左右,三列式5米左右,四列式6~7米;兔舍的长度没有严格的规定,一般控制在50米以内,或根据生产定额,以1个班组的饲养量来确定。

7. 排污系统 兔舍的排污设施包括粪尿沟、沉淀池、暗沟、关闭器及蓄粪池等。排污系统应及时将舍内粪尿排出。粪尿沟的坡度以1%左右为宜,应表面光滑,做防渗处理。

(三)兔舍的类型

兔舍的建筑形式根据自然环境、饲养目的、饲养方式、饲养规模和经济条件的不同而有所差异。现介绍几种比较经典的兔舍形式,供参考。

1. 普通兔舍 又称密封式兔舍,是我国多数地区采用的类型。普通兔舍与民房相似,四面有墙,两个长轴墙面设有窗户。兔舍的顶部形式根据兔舍跨度及当地气候特点而定,有平顶式、单坡式、双坡式、联合式、钟楼式或半钟楼式、拱式或平拱式等,但以双坡式最为普遍。自然通风,主要依靠门、窗和通风口。其优点是:保温效果较好,便于环境控制和人工管理,还有利于防兽害。缺点是:粪尿沟在舍内,有害气体浓度高,易引起呼吸道疾病。尤其在冬季,通风和保温矛盾突出。

2. **敞棚兔舍**　该类型兔舍四面无墙,只有舍顶,舍顶多用苇席、木材等建成双坡式,靠立柱支撑;或两面至三面有墙与顶相接,前面或后面敞开设铁丝网。其优点是:通风换气好,空气新鲜,光照充足,造价低廉,投入生产快,兔舍干燥,肉兔的呼吸道疾病和消化道疾病发病率低。缺点是:只能起到遮风避雨的作用,无法进行环境控制,不利于防兽害。适用于冬季不结冰或四季如春的地区,也可作为季节性生产(如温暖季节)使用。

3. **室外笼舍**　在户外用砖块、石头或水泥砌成的笼舍合一结构,一般2层或3层,重叠式。种母兔舍可设产仔舍。兔舍覆盖一较大而厚的顶,以起遮阳、挡风、防雨雪等作用。其优点是:通风、透光,干燥,卫生,造价低,兔体健壮,很少发生疾病,特别是呼吸道疾病较室内明显减少。其缺点是:无法进行环境控制,特别是冬季保温差,夏季受到阳光直射,遇不良天气不便管理,彻底消毒难。适用于干旱、温暖地区的小规模兔场。华北地区农家养兔多采用。

4. **无窗舍**　又叫环境控制舍。无窗兔舍设应急窗,平时不使用,舍内的温湿度、通风、光照等小气候全部人工控制,机械自动喂水喂料,人员一般不进入兔舍。其优点是:能够给肉兔营造一个适宜的环境条件,不受季节的影响;兔群周转实行"全进全出"制,便于管理,能够有效控制疾病;有效防止鼠、鸟及昆虫进入兔舍;便于机械化、自动化操作,降低了劳动强度,提高了劳动效率。缺点是:需要科学的管理,周密的生产计划;要求兔群没有特定病原菌,否则可能会导致全群感染;对建筑物和附属设备要求很高,对电力依赖性强。因此,采用无窗兔舍时,必须有相应的生产、管理措施作保障。目前,一些发达国家的兔场多采用无窗舍。我国部分规模化兔场也已经开始使用。

5. **组装兔舍**　兔舍的墙壁、门、窗和顶等部件都是活动的,可拆装。夏季,可将墙壁的局部或大部拆除,形成开放式、半开放式或敞棚式。冬季,可组装成为严密的封闭舍,有利于保温。此类型兔舍适用于不同类型气候地区,灵活而方便。其缺点是:对于各部件质量要求较高,且反复拆卸对家兔也有一定的影响;投资较普通笼舍高,适于建造临时性兔场,特别是土地租赁性的兔场。因此,这种兔舍国内少见,仅见于发达国家。

三、兔场设施与设备

(一)兔　笼

现代养兔离不开兔笼,兔笼是肉兔生活的重要环境。

1. **兔笼设计要符合以下基本要求**　①兔笼应符合肉兔的生物学特性,耐啃咬、耐腐蚀、易清理、易消毒、易维修、易拆卸、防逃逸和防兽害等。②操作方便,结构合理,可有效利用空间。各种笼具,如饲槽、饮水器、草架、产仔箱和记录牌等应便于在笼内安置,并便于取用。③可移动或可拆卸的兔笼,力求坚固,重量较小,结构简单,不易变形和损坏。④选材尽量经济,造价低廉。⑤尺寸适中,可满足家兔对面积和空间的基本要求。兔笼规格见表3-1。

表3-1　种兔笼单笼规格　(单位:厘米)

兔类型	宽	深	高	备　注
大型种兔	80~90	55~60	40	
中型种兔	70~80	50~55	35~40	
小型种兔	60~70	50	30~35	
育肥兔	66~86	50	35~40	每笼养殖7只

2. **兔笼的构造**　一个完整的兔笼应由笼体及附属设备组成。笼体由笼门、底网、侧网、后网和顶网及承粪板、支撑架等组成。

(1)**笼门**　笼门是兔笼的关键部件之一,起防止兔子逃逸的作用。笼门多采用转轴式左右或上下开启,也有的为轨道式左右开启。材料可用电焊网、细铁棍、竹板或塑料等制作。各网条之间的距离上疏下密,以防仔兔从下面的缝隙中逃出。笼门宽度一般为30~40厘米,高度与笼前高相同或稍低些。

(2)**底网** 底网是兔笼最关键的部件,要求平整、坚固、耐腐蚀、抗啃咬、易清理。底网的材料和网条间隙至关重要。成年种兔底网间隙1.2厘米,幼兔笼底网间隙1~1.1厘米。目前,生产中使用的底网主要有竹板和电焊网两种类型。肉兔容易发生脚皮炎,故应选择对兔脚机械摩擦力和机械损伤最小的材料。相对而言,竹板较电焊网好些。竹板应有一定的厚度,表面刨平,竹间节打掉磨平,板条两侧刮平,将所有毛刺除掉。

为了有效地预防肉兔脚皮炎,可使用竹木结合网底,即网底的前2/3为木板,后1/3为竹板。其优点是:既可有效地防止脚皮炎的发生(木板对脚皮炎的摩擦力小,基本不发生脚皮炎),又可使粪尿从后面有缝的竹板条间隙漏下去(兔子有定点排便的习惯,往往在笼子的后部两个角排泄),还可减少饲料和饲草的浪费(在采食时,部分饲料或饲草直接落在木板上,兔子可再次采食而不会漏掉)。

(3)**侧网、后网和顶网** 起到防逃和隔离作用,网孔间隙可适当大些,但应防止小兔外逃。生产中发现,相邻笼子家兔间有互相吃毛现象,因此侧网间隙不可太大。

(4)**承粪板** 承粪板位于笼底网下面,其功能是承接粪尿,防止污染下层的笼具和家兔,是重叠式和半阶梯式兔笼的必备部件。要求平滑、坚固、耐腐蚀、重量轻。其材料有玻璃钢、石棉瓦、水泥板、油毡纸和塑料板等。一般前高后低,后面要超出笼边缘5~8厘米,防止尿液流入下面的笼具。

(5)**支撑架** 兔笼组装时通常使用角铁作为支撑和连接的骨架。支撑架要求坚固,弹性小,不变形,重量较轻,耐腐蚀。

3. **兔笼类型**　兔笼按其功能分为饲养笼和运输笼;按制作材料分为金属笼、水泥预制件笼、砖石砌笼、木制笼、竹制笼和塑料制笼等;按层数分为单层、双层和多层;按笼体排列关系可分为平列式、重叠式、阶梯式和半阶梯式等。平时我们所说兔笼主要指的是饲养笼。

(1)**平列式兔笼**　兔笼全部排列在一个水平上,笼门可开在笼上部,也可在前部。兔笼可悬吊于舍内,也可以支架支撑或平放在矮墙上。由于是单层,粪便可直接落在笼下的粪沟内,不需要承粪板。平列排放的兔笼,房舍的利用率低,单位家兔的设备投资大。但是,兔舍的环境卫生好,有害气体的浓度低,通风透光好,管理方便,适于饲养种兔。

(2)**重叠式兔笼**　上、下笼体完全重叠,层间设承粪板。该种形式的笼具房舍的利用率高,但重叠层数不宜过多,一般2~3层。重叠层数超过4层,兔舍的通风和光照不良,不便管理。目前,我国农村养兔的笼具以重叠式为主。

(3)**全阶梯式**　兔笼的上、下笼体完全错开,每层的粪便均可直接落到笼下的粪尿沟内,不设承粪板。其饲养密度较平列式高,通风、透光好,便于观察和管理。由于层间完全错开,增加了纵向距离,上层(即里层)笼的管理不方便。粪沟的宽度大,粪便的清理也不方便。因此,对于种兔笼,适于2层,育肥笼可2~3层。

(4)**半阶梯式兔笼**　是介于重叠式和全阶梯式之间的一种类型。上、下层笼体部分重叠,层间设置承粪板。由于缩短了层间兔笼的纵向距离,上层笼的管理比较方便。其饲养密度较全阶梯式大,房舍的利用率高。因此,在我国有一定的使用价值。

4. **兔笼的摆布形式**　兔笼的摆布形式主要有单列式兔笼和双列式兔笼。

(1)**单列式兔笼**　兔舍内仅纵向摆放1列笼具。一般在阳面设走道,阴面设粪沟,中间放兔笼。

（2）**双列式兔笼**　兔舍内纵向放置 2 列兔笼,摆放形式有 3 种:①对头式。即两侧设粪沟,中间设走道,沿走道两侧摆放兔笼。合用 1 条走道,但分设 2 个粪沟。②对尾式。即两侧设走道,中间设粪沟。在两条走道和粪沟之间分别摆放笼具。合用一条粪沟,分设两条走道。③平列式。相当于 2 个独立的单列式兔舍,按照走道、笼具、粪沟的顺序重复摆放,分别有 2 条道路、2 条粪沟和 2 列兔笼。对头式和对尾式更经济合理。

（二）饲　槽

饲槽是用于盛放混合饲料,供兔采食的必备工具。饲槽要求:坚固耐啃咬,易清洗消毒,便于装料和采食,防止扒料和减少污染等。饲槽应根据饲喂方式、家兔类型及生理阶段而定。饲槽形式多样,有大肚饲槽、翻转饲槽、长柄饲槽等,随着养殖规模化和饲养设备的不断改良,逐渐被自动饲槽所替代。

自动饲槽又称自动喂食器,兼饲和储的作用。一般悬挂于笼门上,笼外加料,笼内采食。该饲槽由加料口、储料仓、采食槽和隔板组成。隔板将储料仓和采食槽隔开,仅在底部留 2 厘米左右的间隙,使饲料不断补充到饲槽。为了防止饲料粉尘刺激兔的呼吸道,在饲槽的底部均匀地钻些小孔,也可在饲槽底部安装金属网片,以保证粉尘随时漏掉。自动饲槽按材质分为金属料槽和塑料料槽;按大小分为个体饲槽、母仔饲槽和育肥饲槽等。

目前,传送带式喂料器成为发展趋势。带式输送机传动装置由 2 个端点滚筒和紧套在上面的闭合传送带组成,饲料从喂料端投入,通过传送带运送至兔笼前,缓慢的前进速度可保证肉兔的正常采食,剩余饲料运送到卸料端回收进饲料桶。采用传送带式喂料器能够实现自动化喂料,节省劳动力,是机械化养殖的必备要件。

(三)草 架

草架是投喂粗饲料、青草或多汁饲料的饲具。使用草架可保持饲草新鲜、清洁,减少脚踏和粪尿污染所造成的浪费,预防消化道疾病。我国养兔以农民为主体,以草为主,因此草架是必备的工具。草架多设在笼门的外侧或设在两笼之间的中上部,呈"V"形,分为固定式、多动式、翻转式等。

草架可用细铁棍焊接而成,也可用镀锌网或竹条等材料。间隙一定要适当,一般为2~2.5厘米。间隙过大容易漏草,起不到草架的作用;间隙过小不容易采食。如果草架设在兔笼的前面,草架外侧间隙要小或无缝隙,以防草叶掉落,造成浪费。草架可设在两兔笼之间,即2个兔笼合用1个草架。这种草架不占用走道空间,但占笼内空间,在设计兔笼时应考虑,防止肉兔因活动空间小而影响生产性能;草架表面一定要光滑,不留毛刺,防止扎伤兔子和饲养人员;合用草架入口要大,以便于加草。

(四)饮水器

水是肉兔不可缺少的营养,兔子可以一日无料,但不可一日无水。小规模兔场多用瓶、盆、罐或盒等容器提供饮水,取材方便,投资小。但这些容器容易受到污染,也易被弄翻,造成兔舍潮湿。目前,较先进的是自动饮水器。瓶式自动饮水器适于小规模兔场,乳头式自动饮水器适于规模化兔场。

1. 瓶式自动饮水器　将一广口瓶倒扣在特制的饮水器底座上,底座有一饮水槽,瓶口离槽底1~1.5厘米。瓶子装满水倒扣在底座时,在大气压作用下始终使饮水槽内的水位与瓶口保持在同一水平线上,当水被饮用后,瓶内水自动外流。饮水器固定在笼门一定的高度上,饮水槽伸入笼内,便于兔子饮水,水瓶在笼门外,便于更换。瓶式饮水器投资少,使用方便,污染少,可防止滴水、漏水。缺点是容水量少,每天需要装卸瓶子和换水,劳动量较大,适合于小规模兔场。

2. 乳头式自动饮水器　由外壳(饮水器体)、阀杆弹簧和橡胶密封圈等组成。平时阀杆在弹簧的弹力下与密封圈紧紧接触,使水不能流出。当触动阀杆时,阀杆回缩并推动弹簧,使阀杆和橡胶密封圈间产生间隙,水通过间隙流出,兔可饮到水。当兔离开阀杆时,阀杆在弹簧的作用下接触密封圈,停止流水。

还有的靠锥形橡胶密封圈与阀座在水压作用下密封。当兔轻触阀杆时,阀杆歪斜,橡胶密封圈不能封闭阀座,水从阀座的缝隙中流出。也有的用钢球阀来封闭阀座。

乳头式自动饮水器是目前最先进的饮水器具,国内外规模兔场普遍采用。具有饮水方便、卫生、省工、节水等优点。缺点是:目前我国生产的乳头式自动饮水器质量存在一些问题,多数不耐用,漏水、滴水现象普遍,造成兔舍内湿度大,给管理带来麻烦;对水的质量要求较高;输水管内容易孳生苔藓,不仅造成水管阻塞,而且还会诱发肉兔消化道疾病。

(五)产仔箱

产仔箱是人工模拟洞穴环境,供母兔产仔、育仔的设施。产仔箱的大小、形状、制作材料、产仔箱内的垫草及产仔箱的摆放位置等,都对仔兔成活率及发育有较大影响。产仔箱要求结实,导热性小,耐啃咬、易清洗、消毒等;产仔箱入口高度以 12 厘米左右为宜,既要控制仔兔在自然出巢前不致爬出,又便于母兔入巢育仔。一般要求产仔箱长度相当于母兔体长的 70%~80%,产仔箱宽度相当于母兔胸宽的 2 倍。过大,仔兔分散,不利于保温;过小,容易发生挤压。产仔箱表面要求平滑,无钉头和毛刺。入口呈半圆形、月牙形或"V"形,以便母兔出入。入口尽量与仔兔聚集处分开,以防母兔入巢时踩伤仔兔;产仔箱内尽量模拟自然洞穴环境,光线暗淡、安静、防风、保暖、透气;垫草要求柔软、干燥、保温性强、吸湿性好、无异味。垫草要整理成四周高、中间低的锅底状,以便于仔兔集中。

常见的产仔箱有平口(缺口)产仔箱、下悬式产仔箱、悬挂式产仔箱及插板式产仔箱等。

1. **平口和缺口产仔箱** 多用木板钉制,四面箱壁较矮、为12~15厘米,底面钻有微孔。其优点是简单、省料,经济,母兔出入方便;缺点是箱壁较低矮,环境控制不佳,母兔易受外界干扰,仔兔容易跳出,尤其是15天以后的仔兔。缺口产仔箱四周箱壁加高,一侧中央留有供母兔进出的月牙形缺口。缺口处离箱底的高度与平口产仔箱高度相近,约12厘米。在产仔箱的上面,加一条6~8厘米宽的挡板。在仔兔睡眠期(12天以前),可将产仔箱翻倒,以上口作母兔的进口,更方便母兔进出。仔兔开眼后竖起产仔箱,让母兔从月牙形缺口处进出。优点是:简单实用,考虑母兔和仔兔的生理特点,使用效果尚可。缺点是:月牙形缺口在中央,而仔兔集中的地方也在中央,母兔跳入时,容易踩伤仔兔。

2. **下悬式产仔箱** 形如一个长方形的塑料筐。母兔产仔前,将母兔笼底板上长方形活动板条摘掉(其大小与产仔箱匹配),并将下悬式产仔箱卡入该处,产仔箱上口与踏板水平。母兔进入产仔箱产仔。优点是:母兔进入产仔箱无须跳入,直接迈进即可;仔兔不易发生吊乳,意外伤亡率较低。但对母兔笼的踏板要特制,比较复杂,制作不好影响踏板的强度和寿命。

3. **悬挂式产仔箱** 一种封闭式产仔箱,悬挂于兔笼笼门上,与圆形、半圆形或方形孔门对应。产仔箱上部最好设置一活动盖,便于观察和管理母兔。优点是:该产仔箱最适应家兔的生物学特性,给母兔创造了一个最佳的产仔育仔环境,效果很好。缺点是:产仔箱制作比较复杂,重量较大,对母兔笼的坚固性有一定的要求,悬挂在母兔笼前面,占据走道空间。

4. 插板式产仔箱　近年流行于欧洲养兔发达国家。母兔用金属笼养殖,通常为 1 层,也有 2 层的。母兔产仔前几天,在母兔笼具外,以固定插板与笼具结合,组成一个小空间作为产仔箱。产仔箱底部铺垫带有小孔的柔软垫板。产仔箱与母兔活动空间的隔板上,留 1 个可供母仔进出的圆洞,并设有开关。由于产仔箱和母兔活动室形成两个相对独立的空间,便于母兔体力的恢复和仔兔的健康。仔兔可以单独补料。

(六)清粪设备

小型兔场一般采用人工清粪或水冲式清粪,人工清粪即用扫帚将粪便集中,再装入运输工具内集中运出舍外。劳动量大,兔舍内清扫时会扬起灰尘,刺激家兔呼吸道,且操作多在白天进行,会对家兔造成干扰。水冲式清粪则是用水冲的方式将粪沟内粪污冲至兔舍一端,通过排污沟进入蓄粪池,这种方法劳动强度相对较小,但需要大量冲洗用水,容易造成舍内湿度大、病菌孳生、污水处理量大;北方地区冬季气温低,易出现污水冰冻的情况。

大型兔场则采用自动清粪设备。常用的有导架式刮板清粪机和传送带式清粪机。

导架式刮板清粪机一般安装在底层兔笼下的排粪沟里,由导架和刮板组成。导架由两侧导板和前后支架焊接而成,四角端由钢索与前后牵引钢索相连;刮板由底板和侧板焊接构成。适于阶梯式或半阶梯式兔笼的浅明沟刮粪,其工作可由定时器控制,也可人工控制。缺点是粪便刮不太干净,钢丝牵引绳易腐蚀。

传送带式清粪机安装在两排兔笼之间或兔笼底部,粪便直接落在传送带上,需定时开动清粪机械,将粪便传送到外面。优点是噪声小,清粪干净,缺点是对传送带的材料要求较高。

四、肉兔养殖场环境控制

肉兔养殖环境是指影响肉兔生长、发育、繁殖和生产等的一切外界因素,主要包括温度、湿度、通风、空气、光照、噪声等,是影响家兔生产性能和健康水平的重要因素之一。创造符合肉兔生理要求和行为习性的理想环境,是增加养兔经济效益的基础。

(一)温 度

肉兔汗腺退化,但其对体温的调节能力有限,全身被毛覆盖,具有惧高温、耐寒冷的特性。其体温一般为38.5℃~39.5℃,适宜温度成年兔为15℃~25℃;育肥兔为18℃~24℃;仔兔1~5日龄为30℃~32℃,5~10日龄为25℃~30℃。肉兔的临界温度为5℃和30℃,即低于5℃或高于30℃都会对家兔产生不良影响。

1. 高温对肉兔的影响

(1)高温对繁殖的影响 肉兔对高温很敏感,30℃以上的持续高温,可使种公兔性欲降低,睾丸内的生精上皮变性,暂时失去生精能力。因此,在南方有"夏季不育"之说,在华北地区夏季和秋季的受胎率低。高温对妊娠母兔也有一定的影响,尤其在妊娠后期,代谢旺盛,营养需求量大,产热量高。高温对肉兔采食和散热造成的双重压力,往往导致妊娠母兔由于中暑或者妊娠毒血症而死亡。高温期间妊娠母兔即使能正常产仔,其仔兔的初生重也低于正常仔兔,所以高温季节没有降温措施的兔场最好停止繁殖。

(2)高温对生长的影响 在高温条件下,肉兔食欲降低甚至废绝,采食量明显下降,饲料利用率降低,生长发育缓慢,泌乳母兔的泌乳量降低,进而影响仔兔发育和降低成活率。据资料显示,幼兔在18℃~21℃条件下,生长发育最快;育肥兔在10℃~20℃条件下增重最快。

（3）高温对健康的影响 短时一般的高温（30℃～33℃），肉兔可以耐受,但影响生产性能,使肉兔的抵抗力降低。长期持续高温,对肉兔的健康就会产生不利影响。比如,高温季节容易发生中暑;高温使肉兔的呼吸系统负担加重,导致群发性传染性鼻炎和肺炎;高温往往伴随高湿,诱发球虫病和真菌性皮肤病;高温高湿极易使饲料变霉,导致群发性霉菌毒素中毒。

2. **低温对家兔的影响** 在低温条件下,成年肉兔能够通过季节性换毛、增加采食量等方式,增强保温能力和获得更多的能量,因而具有一定的抵御低温的能力。初生仔兔被毛极少,体温调节功能不健全,需要30℃以上的环境温度。断奶仔兔皮薄毛稀,对低温的适应能力有限,最适宜的温度为18℃～24℃,环境温度过低,采食量增加,但生长速度会有所下降。

低温使母兔发情和公兔配种都受到影响,而这种影响往往与冬季光照时间缩短共同起作用。

低温条件下,肉兔的细菌性传染病发生率较低,但病毒性传染病尤其是兔瘟高发。皮肤真菌病和呼吸道疾病的发生率往往增加,这主要是因为冬季兔舍的通风不良、空气质量差和湿度大引起的。

3. **温度的控制** 生产中主要是冬季保暖,夏季降温。

（1）增温措施 ①加强兔舍建筑材料的选择和科学设计,增强保温隔热能力;②加强门窗的管理,减少散热;③在兔舍内安装暖风炉、土暖气、空调等。

（2）降温措施 ①兔舍隔热。通过兔舍保温材料选择和建筑设计增加隔热,如增加墙体厚度、选择隔热的建筑材料、墙壁刷成白色以减少太阳辐射热。②兔舍遮阴。可在兔舍周围种植树木和藤蔓植物;在兔舍上方和阳面拉上遮阳网。③舍内通风。不仅能驱散舍内积热,还能帮助兔体散热。在舍内空气比较干燥时,可采用湿式冷却法降温。当自然通风不能满足需要时,可利用机械通风。此外,兔场的场址应选择在开阔地带,建筑物之间必须保持一定的距离,兔舍的方位应根据当地夏季的主方向确定,一般以南向为好。④兔舍洒水。用凉水喷洒地面或在舍内呈雾状喷出,此法只能在舍内空气干燥、通风良好的情况下使用,尤其是其他降温措施效果不良的应急状态下采用。⑤降低饲养密度。⑥供给充足饮水。另外,对于一些山区,可利用山洞避暑;在平原地区,可利用地下舍降温。在兔舍内也可安装空调或增加湿帘降温。

(二)湿　度

肉兔适宜的空气相对湿度为 60% ~ 65%。兔舍内湿度过大,污染被毛,病原微生物和寄生虫孳生,肉兔易患球虫病、疥癣病和湿疹等疾病,影响兔毛品质,饲料易发霉而引起霉菌毒素中毒;高温高湿环境下,机体散热更为困难,对体温调节不利;低温高湿条件下,肉兔易患各种呼吸道疾病(感冒、咳嗽、气管炎及风湿病等)和消化道疾病,特别是幼兔易患腹泻。空气湿度过小,则易使黏膜干裂,降低兔对病原微生物的抵御能力,呼吸道疾病多发。

控制兔舍湿度可采取以下措施:严格控制用水,尽量不用水冲洗兔舍地面和兔笼。兔舍最好为水泥地面,并设防水层,如塑料薄膜等,以防止地下水汽蒸发到兔舍内。防止饮水器跑、冒、滴、漏。兔舍 2 ~ 3 天清扫 1 次,兔笼下的承粪板和舍内的排粪沟要有一定的坡度,保证兔粪、尿及时清除出兔舍。兔舍湿度过高时,可在地面上撒干草木灰或生石灰,不仅能够除湿,而且具有吸附有害气体、净化舍内环境的作用。保持良好的通风,促使兔舍内的水汽及污浊气体及时排出。适时开关门窗。

(三)通　风

兔舍通风对兔舍环境卫生的管理及肉兔生长关系密切。通风不仅可以调节气温、降低湿度,而且有利于送入新鲜空气和排除污浊空气、灰尘。夏季,加强兔舍通风;冬季,通风的目的在于换气。通过兔舍的科学设计和通风设施的配置来控制。要求兔舍内的气流速度不得超过 0.5 米/秒,夏季 0.4 米/秒、冬季不超过 0.2 米/秒为宜。通风可分为自然通风、机械通风和混合式通风 3 种方式,应根据当地的具体情况,选择合适的通风方式。

1. **自然通风** 主要靠门、窗或修建开放式、半开放式兔舍,达到通风换气的目的。在我国南方多采用此法通风,在北方温暖季节也靠自然通风,但在寒冷的冬季,为了保温需要关闭门窗,最好在晴天中午外界气温较高时通风。自然通风适用于小规模兔场,对大规模、高密度的兔舍自然通风应和机械通风相结合。

2. **机械通风** 机械通风适用于机械化、自动化程度较高的大型兔场,尤其是跨度和长度均较大的兔场。机械通风分为正压通风、负压通风和联合通风。

(1)**正压通风** 是通过风机将舍外新鲜空气强制送入舍内,使舍内压力增高,舍内污浊空气经风口或内管自然排出的换气方式。优点是:可对进入的空气进行加热、冷却或过滤等预处理,有效地保证舍内温度、湿度和清洁空气。在严寒和炎热地区适用,但造价高,维护费用高。

(2)**负压通风** 是通过风机抽出舍内污浊的气体,使舍内气压相对低于舍外,新鲜空气通过进气口或进气管进入舍内而形成舍内外空气的交换。负压通风比较简单,造价低,维护费也低,适合多数兔场使用。

(3)**联合通风** 同时用风机进行送气和排气,适用于兔舍跨度和长度均较大的规模兔场。

(四)兔舍空气质量

兔舍内空气的成分因通风状况、饲养密度、饲养管理方式、温度及微生物的作用等而变化。兔舍内的有害气体主要有氨、硫化氢和二氧化碳等,兔对氨气很敏感,氨气主要由粪尿分解产生。当兔舍内氨气浓度超过 20~30 毫克/米³ 时,常常诱发各种呼吸道疾病、眼病,生长缓慢,尤其是可引起巴氏杆菌病蔓延;当超过 50 毫克/米³ 时,肉兔的呼吸频率减慢,流泪和鼻黏膜充血,分泌物增多;达到 100 毫克/米³ 以上时,则可导致大范围的鼻炎、结膜炎发生。兔对二氧化碳的耐受力较低,当空气中的二氧化碳含量增加到 50% 时,可引起一般家畜的死亡,而兔舍内二氧化碳增加到 25% 时,就会造成家兔死亡。兔舍内有害气体的限制浓度为:氨<30 毫克/米³;二氧化碳<3 500 毫克/米³;硫化氢<10 毫克/米³;一氧化碳<24 毫克/米³。

兔舍内有害气体的控制主要从两个方面考虑:一是减少有害气体的产生;二是加速有害气体的排除。

1. **减少有害气体的产生** 降低兔舍湿度、温度,抑制微生物的分解;调整日粮配方,保证营养平衡,提高饲料利用率,减少营养物质通过粪便排出;及时清理粪便,缩短粪便在兔舍内的存放时间;保障肉兔健康,减少分泌物(如鼻腔分泌物、眼睛分泌物、阴道分泌物、皮肤分泌物和脱落物等)的产生。此外,还可在饲料或饮水中添加微生态制剂,可有效控制粪尿的分解,降低兔舍有害气体的含量。

2. **加速有害气体的排除** 加强兔舍通风换气。加强自然通风或机械通风,夏季可打开门窗自然通风,也可安装吊扇通风;冬季兔舍要靠通风装置加强换气,天气晴朗、温度较高时,也可打开门窗通风。密闭式兔舍完全靠通风装置换气,但应根据兔场所在地区的气候、季节、饲养密度等严格控制通风量和风速。如有条件,也可安装控氨仪。兔舍内氨浓度超过 30 毫克/米³ 时,通风装置自行开启。可将控氨仪与控温仪连接,使舍内氨气的浓度在不超过允许水平时,保持较适宜的温度范围。

空气中的灰尘和微生物对家兔有较大影响,尤其容易引发呼吸道感染。灰尘主要来自饲料、垫草、土壤微粒、被毛和皮肤的碎屑。空气中的微生物以大肠杆菌、霉菌为主,也有一些病毒。地面过于干燥、通风不良、家兔的换毛期等,都会造成灰尘和微生物含量增加。在发生皮肤霉菌病时,空气中的霉菌增多,应及时消毒处理。减少兔舍空气中灰尘和微生物的含量措施:兔舍避免使用土地面;防止舍内过分干燥;饲喂粉料时,要将料粉充分拌湿;清扫地面时,不能用大扫帚大力舞动,也不能太用力将承粪板上的粪尿扫落或将粪球打碎。此外,在兔舍周围种植植物和草坪,吸附粉尘。

(五)光　照

光照对肉兔的生理功能具有重要影响,可促进新陈代谢,增进食欲,使红细胞和血红蛋白含量增加;阳光中的紫外光可使皮肤里的 7-脱氢胆固醇转变为维生素 D_3,调节钙、磷代谢和促进生长。此外,光照还影响家兔的季节性换毛,阳光可杀灭病菌,保持兔舍干燥和提高舍温。

实践表明,光照对生长兔的日增重和饲料报酬影响较小,而对家兔的繁殖性能和育肥效果影响较大。光照有助于生殖系统的发育,促进性成熟。繁殖母兔每天 14~16 小时的光照,可获得最佳的繁殖效果。但是延长光照时间对于种公兔是不利的,每天 16 小时的光照,会使睾丸体积萎缩,重量减轻,精子数减少。种公兔的适宜光照时间为 10~12 小时。据试验,连续 24 小时的光照可引起家兔繁殖功能紊乱。仔兔和幼兔需要的光照时间较短,肉兔在育肥期每天 8 小时的光照即可。

肉兔对光照强度也有要求。一般适宜的光照强度约为 20 勒,繁殖母兔为 20~30 勒,育肥兔为 8 勒。开放式和半开放式兔舍一般采用自然光照,要求兔舍门窗的采光面积占地面面积的 15%左右,阳光入射角不低于 25°。在短日照季节,还需要人工补充光照。密闭兔舍完全采用人工光照,多采用白炽灯和日光灯,日光灯耗电较少,但安装费用较高。一般光照时间为明、暗各12小时或明13小时、暗11小时。人工光照时光源分布要均匀。

(六)噪　声

兔场的噪声来源主要有3方面:一是场外,如车辆的鸣笛、建筑噪声、燃放鞭炮、电闪雷鸣等;二是兔场内部,如饲养管理人员的大声喧哗、广播喇叭或电视音响、兔场生产活动(饲料生产、机器轰鸣、车辆等)、犬吠等;三是肉兔本身,家兔声带不发达,很少发出声响。但当受到威胁时也可发出刺耳的声音,如公兔间的相互撕咬、身体被卡等危急关头发出强烈的挣扎呼救声;陌生人或动物接近时,以后肢拍击踏板等。

家兔胆小怕惊,噪声使家兔精神高度紧张,甚至瘫痪和突然死亡,妊娠母兔流产,母兔产仔期难产、食仔和踏死仔兔;泌乳母兔泌乳量下降,停止泌乳和拒绝哺喂;生长兔消化功能紊乱,长期受到惊吓会降低生长速度。

为了减少噪声,兔场选址时,需远离噪声区,饲养员操作要轻、稳,尽量保持兔舍的安静,同时要避免犬、猫等的惊扰,节假日兔场尽量避免燃放鞭炮。

五、兔场消毒

消毒是家兔疾病综合防治措施中的重要环节,其目的是消灭环境中的病原体,彻底切断传播途径,防止疾病的发生和蔓延。兔场应建立严格的消毒制度,兔舍、兔笼及用具夏季每月进行1次大清扫、大消毒,每周进行1~2次重点消毒;冬季每季度进行1次大清扫、大消毒,每周进行1次重点消毒。兔舍消毒时,先要彻底清扫污物,再用清水冲洗干净,待干燥后进行药物消毒。选择高效、安全的消毒剂非常重要。

(一)消毒的分类

1. **按消毒目的分类** 分为预防消毒、随时消毒和终末消毒。

(1)预防消毒 在日常管理中,对兔舍、兔笼、饮水器、饲槽、用具等进行定期消毒,以达到预防一般传染病的目的。

(2)随时消毒 当兔场发生腹泻等传染病时,为及时消灭从兔体内排出的病原体而采取的消毒措施。

(3)终末消毒 在病兔解除隔离、痊愈或死亡后,或者在疫区解除封锁之前,为了消灭疫区内可能残留的病原体所进行的全面、彻底的大消毒。

2. **按消毒方法分类** 分为物理消毒法、化学消毒法和生物消毒法。

(1)物理消毒法

①清扫洗刷 经常清扫粪便、污物,洗刷兔笼、底板和用具。

②日光暴晒 日光中紫外线具有良好的杀菌作用,家兔的产仔箱、垫草、饲草等经阳光照射2~3小时,可杀死一般的病原微生物。

③煮沸 一般的病原微生物经煮沸30分钟,即可被杀死,此法适用于医疗器械及工作服等的消毒。

④火焰 火焰喷灯产生的火焰温度可达400℃~600℃,可用于兔笼、产仔箱、地窝等的消毒,效果很好,但要注意防火。

(2)化学消毒法 化学药品的溶液可作为消毒剂用来进行兔场消毒。化学消毒的效果取决于多种因素,如病原体的抵抗力、消毒时的温度、消毒剂的浓度和作用时间等。常用的消毒手段有:熏蒸消毒、浸泡消毒和喷雾消毒等。

(3)生物消毒法 生物热消毒主要用于粪便的无害化处理,兔场应将兔粪和污物集中堆放在离兔舍较远的储粪点,利用粪便中的微生物发酵产热,使温度达到70℃以上,经过一段时间可以杀死病菌、细菌、球虫卵囊等病原体而达到消毒的目的,同时又保存了粪便的肥效。

(二)消毒药物

消毒药物的作用较强且能迅速杀灭病原微生物,主要用于笼舍、用具、器械及排泄物和环境消毒。应选择对人、兔安全,对病原微生物有强大杀灭作用,对设备无腐蚀性,无残留毒性,易溶于水,不易失效,使用方便且价格低廉的药物。常用的消毒药物有如下几种:

1. **碱类消毒药**　包括氢氧化钠(烧碱)、草木灰和生石灰。在生产中,氢氧化钠作为消毒剂最常用的浓度为 2%~4%,最好使用热水溶液,并添加 5%~10% 的食盐消毒效果更好。兔笼、用具等在氢氧化钠消毒半天后,要用清水清洗,以免烧伤兔子的腿部和皮肤。新鲜的草木灰含有氢氧化钾,通常在雨水淋湿之后能够渗透到地面,常用于对兔场地的消毒,特别是对野外放养场地的消毒,这种方法既可以做到清洁场地,又能有效地杀灭病原菌。生石灰在溶于水后变成氢氧化钙,同时产生热量,通常配制 10%~20% 的溶液对兔场的地板或墙壁进行消毒。另外,生石灰也可用于对病死兔的无害化处理,其方法是在掩埋病死兔时先撒上生石灰粉,再盖上泥土,能够有效地杀死病原微生物。

2. **强氧化剂型消毒药**　主要有过氧乙酸和高锰酸钾,对细菌、芽孢和真菌有强烈的杀灭作用。过氧乙酸作为消毒剂常用的浓度为 0.2%~0.5%,对兔舍、饲槽、用具、车辆、地面及墙壁进行喷雾消毒,也可以带兔消毒,需现配现用。高锰酸钾作为一种强氧化剂,在生产中既可以治疗某些疾病,又可以消毒。如治疗胃肠道疾病时,配制成 0.1% 的水溶液让畜禽饮用;0.5% 溶液可以消毒皮肤和创伤,用于洗胃使毒物氧化而分解;4% 溶液常用来消毒饲槽及用具,效果良好。

3. **新洁尔灭**　具有对畜禽组织无刺激性、作用快、毒性小、对金属及橡胶均无腐蚀性等优点,劣势是价格较高。0.1%溶液常用于器械、用具的消毒,但要避免与肥皂等阴离子活性剂一起使用,否则会降低消毒效果。

4. **有机氯消毒剂**　包括消特灵、优氯净及漂白粉等,它们能够杀灭细菌、芽孢、病毒及真菌,杀菌作用强,但药效持续时间不长,宜现配现用。主要用于兔舍、兔笼、饲槽和地面等的消毒,也可用于带兔消毒、饮水消毒。

5. **复合酚**　又名消毒灵、农乐等,可以杀灭细菌、病毒和霉菌,对多种寄生虫也有杀灭效果。常用浓度为 0.33%~1%,主要用于兔舍、器械、场地的消毒,杀菌作用强,施药 1 次,药效可保持 5~7 天,但注意不能与碱性药物或其他消毒药混合使用,严禁用喷洒过农药的喷雾器喷洒该药。

6. **双链季铵盐类消毒药**　如百毒杀,是一种新型的消毒药,具有性质稳定、安全性好、无刺激性和腐蚀性等特点。能够迅速杀灭病毒、细菌、真菌及藻类致病微生物,药效可保持 10 天左右,适用于饲养场地、笼舍、用具、饮水器、车辆的消毒,另外也可用于带兔消毒。

(三)兔舍消毒

对兔舍地面、兔笼清扫后,将粪便堆积发酵,地面用自来水冲洗干净,干燥后用 10%石灰水或 30%草木灰水喷洒地面,兔笼的底板可浸泡在 5%来苏儿溶液中消毒,兔笼可选用 0.5%百毒杀、0.3%~0.5%过氧乙酸等喷雾消毒。饲槽等用具可放在消毒池内用一定浓度的消毒液(如 5%来苏儿、0.1%新洁尔灭或 1∶200 消特灵等)浸泡 2 小时,然后用自来水刷洗干净;木制或竹制兔笼及用具可用 2%~5%热烧碱水刷洗;顶棚和墙壁可用 10%~20%石灰乳刷白;金属物品最好用火焰喷灯消毒,为防止腐蚀,不得使用

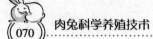

酸性或碱性消毒液;露天兔场(水泥)地面,待干燥后,再用自来水冲洗干净;工作服、毛巾和手套等经1%~2%来苏儿洗涤后,高压或煮沸消毒20~30分钟;手可用0.1%新洁尔灭溶液浸泡消毒;兔皮、兔毛可用环氧乙烷熏蒸消毒。

第四章

肉兔繁育技术

一、肉兔的繁殖特点

(一)性成熟早

性成熟是指肉兔生殖器官发育基本完成,公兔睾丸能产生具有受精能力的精子,母兔卵巢能产生成熟的卵子,开始具有繁殖后代的能力。在正常饲养条件下,肉兔在 3~4 月龄时即可达到性成熟,相比其他家畜要早得多。但要注意,此时肉兔仍处于生长发育期,过早配种无论对其自身还是胎儿均不利。性成熟时间因品种、性别、环境条件、气候等因素而有所差异,一般情况下,中小型品种比大型品种要早;母兔较早,公兔较晚;环境条件良好,则性成熟早,反之则晚。

(二)双子宫

肉兔和其他家兔品种一样,具有双子宫生理结构。所谓双子宫,即子宫的子宫体和子宫角之间无明显界限,有 2 个子宫颈共同开口于阴道,故不会发生如其他家畜在受精后结合子由一侧子宫向另一侧子宫移行的情况。根据这一特点,人工授精时,输精管不能插得太深,否则会造成单侧子宫受胎,无法有效利用其繁殖力。

(三)公兔睾丸位置的变化

公兔有 2 个睾丸,是生精和分泌雄性激素的器官。睾丸形成于胚胎时期,初生仔兔睾丸在腹腔,附着于腹壁;4~5 周龄时,睾丸会慢慢从腹腔移行到腹股沟管内;3~4 月龄时,即性成熟时,睾丸进入阴囊。腹股沟管宽而短,终生不闭合,成年公兔的睾丸可以自由缩回腹腔或降入阴囊,符合睾丸对温度敏感的特性。

(四)刺激性排卵

与其他家畜不同,肉兔属于刺激性排卵。所谓刺激性排卵,是指母兔只有经过公兔的交配刺激或其他刺激(注射促卵泡激素或药物)后,成熟的卵子方可排出。若母兔发情后,未经配种或其他刺激,成熟的卵泡会逐渐萎缩退化,被卵巢组织吸收。因此,在生产实践中,准确掌握好母兔配种时机至关重要,一般可根据母兔阴道黏膜的颜色确定配种时间,即"粉红早,黑紫迟,大红正当时"。

(五)发情与发情特征

母兔性成熟后,卵巢中的卵泡发育迅速,由卵泡内膜产生的雌激素导致母兔出现周期性的性活动表现,称为发情。母兔发情有如下特征:

1. **发情周期的不固定性** 母兔性成熟后,卵巢上经常存在着数量不等的卵泡。发育成熟的卵子,必须经公兔交配或注射雌激素后才能排出,不经交配或其他刺激,成熟卵子一般不会自动排出。基于这点,强制配种也能受胎,母兔的发情周期一般为 7~15 天,持续 3~4 天。

2. **发情的不完全性** 完全发情的概念包括三大生理变化,即母兔的精神状态和交配欲、卵巢变化、生殖道变化,这种完全的发情可持续 2~4 天。

(1)精神状态和交配欲 发情母兔精神不安,食欲减退,顿足扒食,排尿频繁,爬跨同窝母兔,将之放入公兔笼中甚至爬跨公兔,愿意接受公兔交配。

(2)生殖道变化 发情时阴唇肿胀,黏膜潮红、湿润,发情结束时黏膜苍白、干燥。

(3)卵巢变化 发情时母兔卵巢有数目不等的成熟卵泡。

发情时缺乏某方面的变化称为不完全发情。兔不完全发情的频率因品种、类型、生产性能、季节的不同而有差别。一般来说,育成品种比地方品种多,大、中型品种比小型品种多,冬季比春季多。连续的公兔刺激可减少不完全发情的频率。

3. **发情的无季节性** 肉兔经长期的人工驯化和选育,加上环境改善和科学的饲养管理,表现为一年四季都可发情,繁衍后代。特别是工厂化、规模化饲养,兔舍有适宜的小环境,肉兔可常年配种繁殖。但在粗放的自然条件下,春季的繁殖率高于秋季,更高于夏季和冬季。

4. **产后发情** 母兔分娩后即可普遍发情,此后由于泌乳量逐渐增加及膘情下降等,发情不明显,受胎率下降。产后发情配种受胎率的高低与品种、营养状况、配种时间有关。试验证明,产后 12~24 小时配种,受胎率较高,过早或过晚,对受胎率都有负面影响。营养状况较好的母兔产后发情率较高,营养不良母兔产后发情率较低。这一特征可使母兔在营养满足的情况下频密繁殖,增加产仔数。

5. **断奶后发情** 母兔在泌乳期间,尤其是在泌乳高峰期间,发情不明显,配种受胎率低。而仔兔断奶后 3 天左右,母兔则表现为普遍发情,配种后受胎率较高。利用此特征,可实施仔兔早期断奶,提高肉兔繁殖率。

6. 多胎高产　多胎高产不仅体现在性成熟早、妊娠期短(一般为 31 天),还体现在产卵数多和四季均可繁殖。一般情况下,肉兔年繁殖胎数在 5~6 胎,胎产仔 6~8 只,在良好的生产条件下,可达 8 胎以上。母兔四季均可发情,公兔也可配种,按其繁殖效果,春秋最好,冬季次之,夏季受高温影响配种很难受胎。

(六)繁殖利用年限短

肉兔的繁殖使用一般为 2~2.5 年,超过 3 年,繁殖能力显著降低。在生产上,除了特别优秀的个体,凡是繁殖超过 2.5 年的,应及时淘汰,否则对生产不利。

二、肉兔的选种技术

(一)肉兔的选种要求

选种就是根据预定的目标,把高产优质、适应性强、饲料报酬高和遗传性稳定等具有优良遗传性能和生产性能的公、母兔选留作繁殖后代的种兔,同时淘汰掉品质不良或较差的个体,是改良现有品种、培育新品种(系)的基本方法。

母兔年产活仔数、断奶活仔数、断奶体重、早期生长速度、饲料报酬、屠宰率等性状是进行肉兔选种时的重要参考指标。

1. 体质外貌　外貌是肉兔生理结构的外在表现,与生产性能密切相关。从整体角度而言,被选作留种的个体应当具备该品种或品系的基本特征,体质壮实,肌肉丰满,发育良好,健康无疾病,无缺陷,体型适中,体型呈圆柱形或方砖形,被毛浓密、柔软、富有光泽和弹性。从局部来看,头型适中、粗短紧凑,与躯体各部位协调匀称,眼大明亮,肩宽广,胸宽深,背腰平直宽长且丰满,臀部宽圆而缓缓倾斜,腹部充实,中躯紧凑,后躯丰满,四肢端正、强壮有力。公兔要求有明显的雄性特征,性情活泼,生殖器官发育良好,性欲旺盛;母兔要求母性强,繁殖力强,中后躯发育好,性情温顺,无恶习,乳头4~5对,外阴部清洁。凡是驼背、背腰下凹、狭窄、尖臀、八字腿、牛眼者要淘汰,不宜留作种用。

2. **生长育肥**　生产中主要注重体重、体尺的增长情况,备选个体要求体重、体长、胸围、腿臀围达到或超过本品种标准。良种肉兔一般要求75天体重达到2.5千克,育肥期日增重35克以上,饲料报酬在3.5∶1之内。不同品种肉用兔的体尺、体重见表4-1和表4-2。

表4-1　不同品种一级成年兔体尺最低要求　（单位:厘米）

品　种	成年体长	成年胸围
新西兰白兔	48	34
加利福尼亚兔	50	34
弗朗德巨兔	55	36
法国公羊兔	52	34
日本大耳白兔	57	37
中国白兔	38	24
德国花巨兔	57	36

资料来源:钟艳玲,路广计,房金武主编.《肉兔》,2006,中国农业大学出版社。

表4-2　不同品种肉兔体重最低要求　（单位:千克）

品　种	一级兔		二级兔	
	4月龄	成　年	4月龄	成　年
新西兰白兔	2.5	4.5	2.4	4.0
加利福尼亚兔	2.7	4.5	2.4	4.0
弗朗德巨兔	3.6	6.0	3.3	5.5
法国公羊兔	3.1	5.2	2.6	4.7

续表 4-2

品　种	一级兔		二级兔	
	4 月龄	成　年	4 月龄	成　年
日本大耳白兔	3.3	5.5	2.7	5.0
中国白兔	1.1.	2.3	1.0	2.0
德国花巨兔	3.6	6.0	3.0	5.5

资料来源:钟艳玲,路广计,房金武主编.《肉兔》,2006,中国农业大学出版社。

3. **繁殖性能**　优良种兔必须具备较高的繁殖性能,以便为生产兔群供给更多的优良种兔,提高兔群生产水平和经济效益。繁殖性能主要包括受胎率、产仔数、产活仔数、初生窝重、泌乳力和断奶窝重等。每个肉用基础母兔要求年提供商品兔 30 只以上,凡在 9 月份至翌年 6 月份连续 7 次拒配或连续空怀 3 次者不宜留种;连续 4 胎产仔数不足 20 只的母兔也不宜留种;断奶窝重小、母性差的应予以淘汰。公兔要求配种能力强,性欲旺盛,生殖器官发育良好,精子活力好、密度大等。凡隐睾、单睾,生殖器官患有疾病,射精量少,精子活力差的公兔不宜留种。不同品种母兔繁殖性能的最低要求见表 4-3。

表 4-3　不同品种母兔繁殖性能的最低要求　(只/窝)

品　种	一级兔	二级兔
新西兰白兔	6.0	5.0
加利福尼亚兔	6.5	5.5
弗朗德巨兔	6.0	5.0
法国公羊兔	4.5	4.0
日本大耳白兔	6.0	5.0
中国白兔	8.0	6.0
德国花巨兔	4.5	4.0

4. **胴体品质**　优良肉用种兔要求屠宰率高,胴体质量好,肉质好。屠宰率一般要在 50% 以上,胴体净肉率在 82% 以上,脂肪率不高于 3%,后腿比例约占胴体的 1/3。

(二)选种的基本方法

1. **个体选择**　根据肉兔本身的质量性状和数量性状的表型值进行选择,个体选择需要有个体的生产成绩记载,作为评定的依据进行选择,这种方法简便易行。由于个体选择是对表型值的选择,其选择效果与被选择性状的遗传力有关。遗传力大的性状,个体选择的效果好;遗传力小的性状,选择的效果较差。生长育肥性状、胴体品质、体尺等性状属中或高遗传力性状,个体选择是有效的。

2. **家系选择**　以整个家系(包括全同胞家系和半同胞家系)作为一个选择单位,只按照家系某种生产性能的平均值进行选择,称为家系选择。在这种选择中,个体生产水平的高低除了参与家系均值的计算外,不起其他作用。对于遗传力较低的性状,如繁殖力、泌乳力、成活率等采用家系选择效果较好。

3. **系谱选择**　系谱是系统地记载个体及其祖代情况的资料。系谱上的资料来源于日常的各种记录,如种兔的名称、编号、外貌测定、生产性能和鉴定结果等。系谱选择是根据个体的双亲以及其他有亲缘关系的祖先的表型值进行选择。根据遗传规律,距离种兔越远的祖先对该种兔的影响越小。一般系谱选择重点应放在 2~3 代以内的祖先上。幼兔和青年兔多用系谱选择法,但由于系谱选择的可靠性较差,通常并不会单独使用,而是与其他方法结合使用。

同胞测验:同胞是指同父同母的全同胞和同父异母的半同胞或同母异父的半同胞。同胞测验就是以全同胞或半同胞的平均表型值来选留种兔的一种方法。采用同胞测验的选择方法,在较短的时间内就可得出结果,能够缩短世代间隔,加速育种进程。对于遗传力较低的性状,同胞数越多,测定的结果越好,最好能提供5~7只以上的全同胞数和30~40只以上的半同胞数才比较可靠。

4. **后裔测定** 通过对大量后代性能的评定来判断种兔遗传性能的一种选择方法。此法一般用于公兔。具体方法为:选择一批外形、生产性能、繁殖性能、系谱结构基本一致的母兔,在相同的饲养管理条件下,每只公兔至少选配10~20只母兔,然后根据各母兔所产后代的生长发育、饲料利用率等性状进行综合评定。如果被鉴定的公兔所产后代的各项指标均高于同期同龄的其他兔,表明该公兔的种用价值较高。

5. **综合选择** 一般进行5次选择。

第一次选择,一般在仔兔断奶阶段。通常情况下,仔兔在28~42日龄断奶,主要通过家系和个体相结合进行选择。结合系谱信息在产仔多、断奶个体多、窝重大的窝中挑选发育良好的公、母兔。要求:健壮活泼,断奶体重大;无八字腿等遗传缺陷;毛色体型符合品系要求。入选的种兔要参加性能测试。

第二次选择,一般在10~12周龄阶段。主要选择其早期育肥能力,主要通过选择指数,并结合体型外貌和同胞成绩进行综合评定而选择。如强调产肉性能的选择指数可由70日龄体重、70日龄腿臀围、35~70日龄料重比三项或前两项构成;兼顾繁殖性能的选择指数可由所在家系产仔数、断奶体重、70日龄体重三者构建。

第三次选择,一般在4月龄阶段。根据个体重和体尺大小评定生长发育情况,及时淘汰生长发育不良或患病个体。

第四次选择,一般在5~6月龄阶段。初配前选择。结合品系的选育目标和体尺、体重、体型外貌进行选择,要求符合品系要求,并具有典型的肉用兔体型。公兔雄性特征明显,性欲旺盛,精液品质优良;母兔性情温顺,乳头及外阴发育良好,无恶癖,后躯丰满。

第五次选择,一般在1岁左右阶段。选择要在母兔哺育3胎以后进行。根据母兔前三胎的受胎率、母性、产(活)仔数、泌乳力、仔兔断奶体重、断奶成活率等情况,公兔性欲、精液品质、与配母兔的受胎率及其后裔测定结果,评定公、母兔种用价值高低,最后选出外貌特征明显、性能优秀、遗传稳定的种兔。

三、肉兔的选配技术

选配就是有计划地为种兔选择配偶,有意识地组合后代的遗传基础,以达到利用良种和培育良种的目的。选配就是对肉兔的配对加以人为控制,使优秀个体获得更多的交配机会,使优良的基因更好地重新组合,促进种群的改良和提高。选种和选配都是育种工作的重要措施,两者相互联系,相互促进。选种是选配的基础,选配是选种的继续。

选配是一种交配制度,可分为个体选配和种群选配两大类。个体选配只考虑交配双方的品质和亲缘关系,分为表型选配和亲缘选配两类。

(一)亲缘选配

亲缘选配指具有亲缘关系的公、母兔之间的交配,又叫近交。一般来说,交配双方到共同祖先的世代数在6代以内的交配均属于近交。6代以外的亲缘关系,因祖先对后代的影响极其微弱,几乎可以忽略不计,称为非亲缘选配。

近交在育种中的主要作用为:①固定优良性状。近交的基本遗传效应是使基因纯合,提高兔群的纯度,可使优良的基因尽快固定下来。②暴露有害基因。近交能够增加隐性有害基因纯合的概率,利用隐性基因型和表现型一致的特点,便于识别和淘汰这些不良基因。③保持优良血统。个体的某一优良性状,若不采取近交,都有可能随着世代的半纯化作用而逐渐冲淡乃至消失。因此,当兔群体中出现某一优异个性并需要保持和固定时,可采取近交的方式。④促进兔群同质。近交使基因纯合的同时,使群体基因型分化。n 对基因的杂合体,就会分化出 2n 种纯合基因型,此时结合选择,就可获得比较同质的兔群。

近亲繁殖是育种工作中一种重要的措施,但使用不当,则会出现近交衰退现象。近交衰退是指由于近交而使家兔的繁殖力、生活力及生产力下降,随着近交程度的加深,几乎所有性状都发生不同程度的衰退。近交后代不同性状衰退程度是不同的,遗传力低的性状衰退较明显,如繁殖力各性状,出现产仔数少、畸形、死胎、弱仔增多和生活力下降等现象;遗传力较高的性状,如体型外貌、胴体品质则很少发生衰退。此外,不同的近交方式、不同的种群、不同的个体和不同的环境条件,近交衰退的程度都有差别。近交衰退是生物界的一种普遍现象,相对其他大家畜,兔子耐近交的能力较强。研究表明,如果结合严格的选择和淘汰,兔子连续和同胞交配多代达到较高的近交程度而不致明显的衰退。

为了避免近交造成的不良后果,一般近交仅局限于品种或品系培育时使用,商品兔场和繁殖场都不宜采用。采用近交时,必须同时重视选择和淘汰,加强饲养管理,保证良好的饲养条件、环境条件和卫生条件,以减缓或抵消近交的不良后果。在兔群中应适当增加公兔的数量,以冲淡和疏远太近的亲缘关系,至少保持 10个以上有较远亲缘关系的家系。

(二)表型选配

表型选配就是根据交配双方表型品质对比进行的选配方式,又称品质选配。可分为同型选配和异型选配。

1. **同型选配** 即选择性状相同,性能表现一致或育种值相似的优秀公、母兔交配,以期获得优良后代,使父、母的优良性状在后代中得到保持和固定,又称同质选配。

由于肉兔的许多经济性状都是由多个基因控制的,表现相同的个体基因型不一定相同,所以同质选配是常用的选配方法。

　　同型选配由于是以表现型为选配依据,有时也会出现不良情况,如严重缺陷、生产性能和繁殖性能下降等,所以要严格淘汰那些体质衰弱和有遗传缺陷的个体。

　　2. **异型选配**　性状不同,生产性能不一致的种兔的选配称为异型选配,又称异质选配。异型选配有两种情况,一种是选择不同优良性状的公、母兔配种,以期将 2 个优良性状结合在一起,从而获得兼有双亲不同优点的后代。例如,将繁殖性能高的品种和早期生长速度快的品种交配,以期获得繁殖性能和产肉性能均优良的肉兔后代的选配方法,就是异型选配。

　　异型选配的另一种方法是,选择同一性状优劣程度不同的公、母兔配种,使后代在此性状上获得较大程度的改进和提高。如体重大的配体重小的,生长速度快的配生长速度慢的,繁殖力高的配繁殖力低的等。

　　需要注意的是,在异质选配过程中,有时由于基因的连锁和性状间的负相关等原因,不一定能把双亲的优良性状很好地结合在一起。因此,要坚持严格选种制度,注重性状的遗传规律和遗传系数。选配的目的是使性状得到进一步提高,如果公、母一方某一性状表现很差,用同一性状优秀的个体交配,虽然能使该性状得到不同程度的改良,但这不是良种工作的目的,是不值得提倡的。

　　在生产实践中,同型选配和异型选配并没有严格的界限,而往往是结合在一起使用的,且能取得良好效果。如公、母兔的体型虽然存在着差异,若他们的生长速度都较快,那么它们交配之后,既利用了异型选配的方式,使公、母兔的不同优良性状在后代中结合,又利用了同型选配的方式,使双亲的优良性状能够在后代中固定下来。

(三)选配的原则

第一,根据育种目标,综合考虑相配个体的品质和亲缘关系、个体所隶属的种群对他们后代的作用和影响等。

第二,要选择亲和力好的个体、组合和种群。

第三,公兔的等级要高于母兔。在兔群中,公兔有带动和改进整个兔群的作用,而且数量少。因此,其等级和质量要高于母兔。

第四,不要任意近交。近交宜控制在育种群必要的时候使用,它是一种局部而又短期内采用的方法。在一般繁殖群,非近交则是一种普遍而又长期使用的方法。

第五,搞好同质选配。优秀的种兔一般都应进行同质选配,在后代中巩固其优良品质。

(四)选配前的准备工作

选配工作进展的是否顺利,取决于对种兔群体整体状况的了解和资料的分析。

第一,应了解兔群的基本状况,分析其主要优点和缺点,明确改进方向,并对兔群进行普遍鉴定。

第二,分析以往交配结果,凡是效果好的组合,不仅要继续进行,即"重复选配",而且要将同品质的母兔与这只公兔或其同胞交配。

第三,分析即将参加配种的公、母兔的系谱和个体品质,明确其优点和缺点,以便有的放矢地选择与配种兔。

第四,制订配种方案,对于核心群来说,应采取个体选配,对每只种兔逐只分析后确定与配个体;对于生产群来说,可实施群体选配,将种母兔按照特点分成几个群,并针对其特点选用对应的一些种公兔,合理充分利用种公兔,但要避开近交。

四、肉兔的配种技术

目前,在肉兔生产中,采用自然交配、人工监护交配和人工授精3种方法。

(一)自由交配

自由交配是指将公、母兔混养,在母兔发情期间,任其自由交配繁衍。此法在小规模养殖过程中采用,以及现代生态放养方法中使用,而规模化养兔已经淘汰此方法。优点是方法简便,省工省力,配种及时,还可防止漏配。缺点是无法进行选种选配,极易造成近亲繁殖,品种退化,所产仔兔体质不佳,兔群品质下降;公兔配种频率高,易造成体质下降,受胎和产仔率低,使种用年限缩短,也易传播疾病。

(二)人工监护交配

人工监护交配指平时种公、母兔分别单笼饲养,当母兔发情需要配种时,按照配种计划将其放入指定的公兔笼内进行交配。人工监护交配应按以下程序进行:

第一,检查母兔发情程度,并决定其配种时间。

第二,按照选配计划,确定与配的公兔耳号和兔笼。

第三,将发情的母兔引荐给与配公兔,进行放对配种。在放对之前,应检查公兔和母兔外阴,若不洁净,应进行擦洗和消毒。将公兔笼内的饲槽和水盆等移出。如果踏板不平或间隙过大,放入合适的木板或纤维板(不要太光滑),然后将母兔放入公兔笼。

第四,观察配种过程。当公兔发出"咕咕"的叫声,随之从母兔身上滑下,倒向一侧,即宣告配种结束。

第五,抓住母兔,在其臀部拍击一下,使之阴道和子宫肌肉收缩,防止精液倒流。然后,将母兔放回原笼。

第六,做好配种记录。将与配公兔的品种、耳号、配种日期记入母兔的繁殖卡片。

人工监护交配的优点:①有利于有计划地进行配种,避免混配和乱配,以便保持和生产品质优良的兔群;②有利于控制选种选配,避免近亲繁殖,以便保持品种和品种间的优良性状,不断提高肉兔的繁殖力;③有利于保持种公兔的性功能与合理安排配种次数,延长种兔使用年限;④有利于保持兔体健康,避免疾病的传播。

人工监护交配的缺点是与自然交配相比,耗费人力、物力。

(三)人工授精

人工授精是用人为的方法获得公兔的精液,然后借助器械把精液输入母兔子宫内,使母兔受胎的一种技术,它是肉兔繁殖、改良最经济、最科学的一种方法。

人工授精的优点:①实现了同期生产,即同期发情、同期配种、同期分娩、同期断奶、同期育肥和同期出栏;②能够充分利用优良种公兔,降低饲养成本;③提高工作效率;④提高受胎率;⑤避免疾病传播;⑥经稀释、保存的精液便于运输,可使母兔的配种不受地区限制。

人工授精操作程序主要包括:采集精液、精液品质检查、精液稀释、精液保存、诱导排卵和输精。

1. 采集精液 公兔采精的方法主要有 3 种,即阴道内采精法、电刺激采精法和假阴道采精法。其中,以假阴道采精法最为常用。

(1)假阴道的构造 假阴道主要由外壳、内胎和集精瓶 3 部分构成。

外壳:公兔采精用的假阴道外壳,可用竹筒、橡胶管、塑料管或白铁皮焊接而成。长 6~8 厘米,直径 3~3.5 厘米。在外壳的中间钻一直径 0.5~0.7 厘米的小孔,并安装活塞,以便由此注入热水和吹气调节压力大小。

内胎:内胎可用薄胶皮制成适当长度的圆筒,或手术用的乳胶指套(顶端剪开)或人用避孕套(截去盲端)等代替。内胎的密封性要好,材质对精子无毒害作用。内胎长 14~16 厘米。

集精瓶:集精瓶是采精时专门用来收集和盛装精液的双层棕色玻璃瓶,可由底部注入 37℃~39℃ 的温水,防止精液射出时遇到低温刺激。也可用口径适当的小试管或小玻璃瓶等代替。

(2)采精前的准备 采精用的假阴道,在安装前、后都要认真检查有无破损。内胎用 75% 酒精消毒,待酒精挥发后,再安装集精瓶(用前要洗涤、消毒)。安装好的假阴道,冲洗消毒之后,通过外壳小孔注入 50℃~55℃ 的热水,达到内胎与筒壁间容积的 2/3 为宜,并使其内胎温度达到 40℃~42℃。调好温度后,在阴茎插入端涂擦少量经消毒的中性凡士林油或液状石蜡,起润滑作用。最后吹气,调节其压力,使假阴道内胎呈"Y"形。

将处于发情期的母兔放入公兔笼内,由公兔爬跨,反复几次将公兔从母兔背上推下,以促使公兔性高潮到来,副性腺分泌。

(3)采精方法 采精员左手抓住母兔耳朵及颈皮,右手持采精器伸到母兔腹下,使采精器入口紧贴母兔外阴部下部,并根据公兔阴茎挺出的方向及高低,灵活调整采精器的位置。当公兔阴茎插入假阴道时即刻射出,并发出"咕咕"的叫声而滑下。竖起采精器,使精液流入集精杯中,送到化验室进行精液品质检查。

2. 精液品质检查 精液品质检查包括射精量、色泽、气味、酸碱度、密度、活力及畸形率等。射精量可直接从带有刻度的集精杯上读出,一般 1 毫升左右,但不同品种、个体、饲养条件和采精技术差别较大,可从 0.2~3 毫升不等。精液色泽可肉眼观察,正常的为乳白色或灰白色,浓浊而不透明,其他颜色均不正常。精液的 pH 值可用精密 pH 试纸测定,正常值为 7 左右。精子活力是指具有直线运动的精子所占比例,可在显微镜下测得,如100%的精子呈直线运动,则活率记为1,50%的为0.5等。用鲜精输精时,精子活力应在0.6以上。观察精子密度,即在显微镜下观察精子间隙,凡少于1个精子则记为密,等于1个精子记为中,大于1个精子记为稀。精子畸形率是指不正常精子占全部精子的百分比。畸形精子主要有双头、双尾、大头、小尾、无头、无尾、尾部卷曲等,正常精液畸形率应低于20%。

3. 精液稀释 精液稀释可扩大精液量,增加输精只数,同时稀释液中某些成分具有营养和保护作用。常用的稀释液有:①生理盐水。②5%葡萄糖水。③鲜牛奶:加热至沸,维持15分钟,晾至室温后用4层纱布过滤。④11%蔗糖液。

精液稀释倍数根据精子的活力、密度和输精只数来决定,一般稀释3~10倍。为提升精子的抵抗能力,可在稀释液中加入抗生素,每100毫升精液加入青霉素、链霉素各10万单位。

稀释技术:一般情况下,母兔输精量为0.5毫升,输入活精子数0.1亿个。以此可计算需加入的稀释液的量。稀释应遵循"三等一缓"的原则,即等温度(30℃~35℃)、等渗(0.986%)和等值(pH值=6.4~7.8),缓慢将稀释液沿管壁注入精液,并轻轻摇匀。整个稀释过程所用工具、用品一律消毒,抗生素用前临时添加。精液稀释后再进行1次活力测试,如果精子活力变化不大,可立即输精;若变化较大,应查清原因,重新采精、稀释。

为了确保受胎率,从采精到输精的时间应尽量缩短。

4. 精液保存 精液稀释后,如一段时间用不完或不用,可以在一定的温度下保存。精液按保存温度的不同,可分为常温保存(15℃~25℃,可保存1~2天)和低温保存(0℃~5℃,可保存数日)。用特制的稀释液稀释以后,经预冷、平衡、冷冻等过程,最后移入液氮(-196℃)中保存(可长期保存)称为冷冻保存,由于家兔精子的活力容易受到超低温的严重影响,目前该技术尚不成熟。

常温和低温保存又称液态保存。

(1)液态保存液

①糖卵黄保存液　每 100 毫升 5%~7% 葡萄糖液中加入新鲜卵黄 0.8~1 毫升,加入抗生素(青、链霉素各 10 万单位),用消毒的玻璃棒搅匀备用。

②鲜奶或 10% 奶粉保存液　先煮沸,过滤,晾至室温,再加抗生素(同上)。

③奶、卵黄保存液　在奶或 10% 奶粉液中加入新鲜卵黄。

④多成分保存液　三羟甲基氨基甲烷 3.028 克,柠檬酸钠 1.676 克,葡萄糖 1.252 克,蒸馏水 85 毫升,卵黄 15 毫升,青、链霉素各 10 万单位。

(2)精液保存操作　先将精液稀释,缓慢降至室温,进行分装。在每一支精液分装管表面最好盖一层中性石蜡,以隔绝空气。封口后,外包 1 厘米厚的纱布置于 5℃~10℃ 环境中,使之在 1~2 小时内缓慢降温。最后存放在冰箱或放有冰块的广口瓶中,保存温度为 0℃~5℃。也可利用水井、地窖保存,外包以塑料袋防水、防潮、防尘。用绳将其悬吊在离水面约 30 厘米处,一般可保存 1~2 天。

5. **诱导排卵和输精**　兔属于刺激性排卵动物,在输精之前必须诱导排卵。常用方法如下:①用结扎输精管的公兔交配,刺激母兔排卵。②耳静脉注射人绒毛膜促性腺激素 50 单位。③肌内注射黄体生成素,每只 10~20 单位。④促排卵 3 号或 2 号,每只肌内注射或静脉注射 0.5 微克(0.3~1 微克)左右。

输精一般和诱排同时进行。每只兔输精 1~2 次,每次输入 0.1 亿~0.2 亿个精子,稀释后的精液量为 0.2~1 毫升。

输精操作:常用倒提法和倒夹法输精。

倒提法由两人操作。助手一手抓住母兔耳朵和颈皮,另一手抓住臀部皮肤,使之头部向下。输精员左手食指和中指夹住母兔尾根并往外翻,使之外阴充分暴露,右手持输精器,缓慢将输精器插入阴道 7~8 厘米处将精液输入。

倒夹法由一人操作,输精员坐在一高度适中的矮凳上,使母兔头朝下轻轻夹在两腿之间,左手提起尾巴,右手持输精器输精。

注入精液后,手捏外阴,缓慢抽出输精管,最后,手掌在母兔臀部拍击一下,使之肌肉收缩,以防精液倒流。

6. 注意事项　为了提高母兔的受胎率与产仔数,在输精操作时,应掌握以下要点:

①输精过程中要严格消毒,无菌操作。

②输精部位要准确无误。母兔膀胱在阴道内 5~6 厘米深处的腹面开口,在插入输精管时,极易插入尿道口中,误将精液输入膀胱。因此,在给母兔输精时,必须把输精管前端沿阴道壁的背侧面插入 6~7 厘米深处,越过尿道口后,再将精液注入子宫颈口附近,使其流入两子宫开口中。若插入过深,只会造成一侧子宫受胎。

③采精、输精用器皿,用后应及时清洗干净并消毒,存放于橱窗、干燥箱中备用。

④输精完毕要做好配种记录和用品记录。

五、肉兔的繁育技术

(一)概　念

1. 品种　肉兔品种是指经过人工培育的具有相似特性和经济性状的肉兔大群体。一个品种必须得到权威机构的审定批准,并应具备以下基本条件:

(1)有较高的使用价值　包括经济价值、观赏价值或实验研究价值等。

(2)来源相同,个体间主要性状相对一致　凡属一个品种的家兔,应有共同的血统来源,遗传基础相似,这也是构成基因库的基本条件。由于血统来源、培育条件、选育目标和选育方法相同，使同一品种的家兔在体型结构、生理功能、重要经济性状以及对自然条件的适应性方面非常相似，构成该品种的特征，很容易与其他品种相区别。

（3）有一定的内部结构　一个品种应由若干个各具特点的类群所构成，而不是由家兔简单汇集而成。品种内存在各具特点的品系，就是品种的异质性，从而使一个品种在纯种繁育条件下仍能得到改进和提高。

（4）遗传性稳定，适应性强　作为品种，必须具有稳定的遗传性，才能将典型的优良性状一代一代遗传下去。这不仅使品种得以保持，而且在与其他品种杂交时能起到改良作用，即具有较高的种用价值。

（5）具有较高的种用价值　可用来改良其他品种或具有较好的经济杂交效果。

（6）有足够大的数量规模　由于兔属于小型动物，一个品种应至少有 30 万只数量。

2. **种群**　一个品种内因选育方向不同或者通过与其他品种杂交而形成的各具特点的肉兔群体。这些群体的规模较品种小，各具有一定的特点，但其基本类型和产品质量与所属品种一致。

3. **品系**　一个品种或种群内保持某一杰出兔种（通常是种兔）的一些优良性状的小群体。品系除各性状指标接近或不低于所属品种或种群的相应指标外，其特有的某个或某些优良性状还应明显优于品种或种群的平均指标。品系存在的时间较短，延续几代，当不能保持其突出性状或被更好的品系取代时，即自行消失。

4. **杂交**　原指不同品种间的交配，现今使用较广泛，凡遗传基础不同的群体间（种群间、品系间）的交配都可称为杂交。由于品种、种群和品系间的遗传差异程度不同，需标明何种杂交最好，

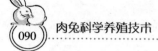

如品种杂交、种群杂交等。一般以品种杂交产生的后代称为杂种。种群杂交、品系杂交，因是品种范围内的交配，后代仍属该品种，不宜称为杂种。

(二)肉兔的繁育方式

1. **本品种选育**　指在本品种内部通过选种选配、品种繁育和改善培育条件等措施来提高品种性能的一种方法。其主要任务是保持和发展一个品种的优良特性，提高品种内优良个体的比例，克服品种的某一缺点，达到保持品种的纯度和提高品种质量的目的。

本品种选育适用于地方品种的选育和提高、保种、引进品种的繁育。

2. **品种繁育**　指利用某些(某个)优秀个体，通过一定的选种选配制度，建立具有一定特征特性的高产稳产种兔群的繁育制度。品系繁育的方法有：

(1)系祖品系　也称单系。在品种内选出优秀个体作为系祖，以此优秀个体为中心，通过同型选配和适度近交使其后代与系祖保持一定的亲缘关系，以此来保持或累积系祖的优良特性。系祖品系的特点是群体数量少，形成较快，系内近交系数高，遗传性较稳定。

(2)群体品系　又称群体继代选育，简称群系。它是以优良性状为单位，以群体为对象，培育一个兼备各方面优点的兔群。群体品系的特点不是以某一个体为中心，而是以多个优秀个体共同建立品系。其主要步骤如下：

①确定建系目标　一般来说，建系目标要在该品种基本要求的基础上，突出 1~3 个非常优秀的特定性状，主选遗传力高的性状。父系种兔应突出产肉性能，母系种兔要突出繁殖性能。

②组建基础群　基础群要汇集所有有利基因。

③选种选配　一般采用小群闭锁、随机交配，按选育目标进行

继代选育,中途不再改变育种方向,也不再引入外来品种兔。此阶段以窝选(家系选择)为主,采取各家系等量留种方式,经几代的性能测定,淘汰不良家系。

④配合力测定　一般在第二世代以后,即可进行杂交试验和配合力测定。根据建系目标,在配合力理想时就可扩群推广。

(3)配套系　合成组建配套系,又称专门化品系建系。把需要选育的几个性状分为几个组群,培育几个品系,每个系群都有自己的单一性状和主攻方向。这些品系往往是通过品种杂交,再经较高近交而育成。有的品系专作杂交父本的称作父本品系,有的专门作杂交母本的称作母本品系。这些品系的优秀个体留种用作保留品系之用的叫"曾祖代",品系内作杂交的个体成为"祖代",利用"祖代"作两品系杂交产生"父母代",再由"父母代"杂交而产生兼具各品系优良性状且能充分发挥杂种优势的"商品代"。"商品代"直接生产商品供应市场。

专门化品系既不是品种,又不是品系,它是一种特殊形式的经济杂交。

3. **杂交繁育**　不同品种(或品系)公、母兔间的交配,可以提高兔群品质和培育出新品种(或品系)。其方法有育成杂交、引入杂交和经济杂交。

(1)育成杂交　通过品种间杂交育成肉兔新品种的育种方式。育成杂交没有固定的模式,可根据育种目标选择亲本和杂交方式。育成杂交过程一般分为 3 个阶段。

第一阶段,杂交创新:通过杂交获得理想型个体。

第二阶段,横交固定:获得理想个体后,通过同质选配和近交,固定其优良性状。一般是理想个体出现后立即近交,出现生活力下降时,立即改为同质选配。近交系数一般为 0.125,不超过 0.25。

第三阶段,扩群与育成:此阶段的目的是扩大数量和分布,使新品种在生产中发挥作用,建立比较完善的品种结构,进一步稳定遗传性。

（2）引入杂交　又称导入杂交。当某个品种的品质基本符合生产要求，但还存在着某些不足之处时，即可有针对性地选择外来品种与之杂交1次，以后各代杂种与本地品种回交，当回交到第二代（含外来品种血缘12.5%）时，选择优秀个体，进行横交固定。

（3）经济杂交　又称简单杂交。为提高后代的生产性能和繁殖性能，提高经济效益，采用2个或3个品种（或品系）的公、母兔交配，生产出超越双亲性能的杂种后代。

使用经济杂交必须注意以下几个问题。首先，并不是所有的杂交都能产生杂交优势，要看两品种间特殊配合力的高低。因此，在进行经济杂交之前，应进行杂交组合试验，选择最适杂交亲本。杂交优势不仅因杂交组合而有差异，同一杂交组合中，正、反交不同也会有不同的结果，所以正、反交试验也是必不可少的。其次，用于经济杂交的亲本可以都是外来品种，也可以一个是外来品种，另一个是地方品种。一般以外来品种作父本，地方品种作母本，利用外来品种生产性能高和地方品种繁殖性能和适应性强的优势。

六、现代肉兔的多繁措施

多繁，是使肉兔在一定的时间段内生产出相对较多的后代，是提高养兔经济效益的途径之一。肉兔繁殖性能的评价指标有母兔受胎率、产仔数、产仔活数、泌乳力、成活率、年产仔数等，凡是影响以上指标的因素均可对繁殖性能造成影响。提高肉兔繁殖性能应做好以下工作。

（一）严格选种

在选留种兔时，既要注重其生产性能，又要重视其繁殖性能。要选择那些性欲强，生殖器官发育良好，睾丸大而匀称，精子活力高、密度大,不过肥、过瘦的优秀青壮年兔作种用。及时淘汰单睾、隐睾、卵巢或子宫发育不全及患有生殖器官疾病的公、母兔。留种仔兔必须从高产种兔的后代中选留,第3~5胎的后代最为理想。选留种兔的有效乳头数应在4对以上。对受胎率低、产仔数少、母性差、泌乳性能不好、有繁殖障碍的种兔,不能用于配种繁殖。

(二)加强饲养管理

在饲养方面,要根据种公兔的体况和配种任务合理搭配饲料,保证青饲料的供应,保证蛋白质的数量和质量,保证维生素特别是维生素A和维生素E、矿物质微量元素的充足供应。以上营养的缺乏会使公兔体况过瘦,影响性器官的发育,导致精液品质下降。相反,营养过剩会使公兔体况过肥,性功能减退,精液品质下降,甚至无性欲;母兔体况过肥或过瘦都会影响发情和排卵。妊娠母兔应根据胎儿发育阶段满足其营养需要,妊娠早期营养水平过高,会增加胚胎死亡率;妊娠后期胎儿生长快,营养水平相应提高;哺乳期母兔营养消耗大,应注意补充蛋白质、钙等营养。

在管理方面,要营造清洁卫生、透光、通风、干燥、安静、冬暖夏凉的环境。种兔笼大小要适宜,坚持一兔一笼饲养。公、母兔的笼位要隔开,以免影响性欲。噪声和惊扰是造成妊娠母兔流产和死胎的主要原因。光照不足会影响母兔繁殖功能,光照时间每天以14~16小时为宜。

(三)适时配种

适时配种的依据是检查母兔发情状态,一般通过外阴黏膜观察判断。母兔在不同的发情期,外阴黏膜的颜色、肿胀及湿润程度不同。休情期外阴黏膜苍白、萎缩、干燥;发情初期则潮红、肿胀和湿润;发情后期,外阴黏膜逐渐变为黑紫色,肿胀和湿润状态减退。根据生产经验,母兔在发情中期配种受胎率和产仔数最高,发情中期是最适配种期。即"粉红早,黑紫迟,大红正当时"。

另外,需要特别注意的是,家兔具有"夏季不孕"的现象。因此,夏季不宜配种,春季和秋季最适配种,冬季也可配种,但必须做好防寒保温工作。

(四)合理配种

提前制定配种计划,根据生产需要和预计年产仔兔的数量,安排好每只母兔的年产胎次,排出配种、妊娠、断奶的时间表,并做好相应的准备工作。合理利用种公兔,一天配种 1~2 次,连配 2 天,休息 1 天。做到老不配、弱不配、病不配。可采用复配和双重配技术。复配,就是母兔在一个发情周期内与同一只公兔交配 2 次或多次,每次间隔 4 小时左右。双重配,就是一只母兔在一个发情期内与 2 只公兔交配,一般间隔 10~15 分钟。复配和双重配均可提高受胎率和产仔数。可采用频密繁殖、半频密繁殖或二者结合的繁殖制度,并制定和落实相应的管理措施。大力推广人工授精技术。

(五)及时妊娠诊断

母兔配种后应尽早进行妊娠诊断,确孕母兔分群管理,对未孕母兔及时补配,减少空怀。妊娠诊断的方法有称重法、试情法和摸胎法等。

1. **称重法**　在母兔配种之前和配种 12 天之后分别称重,观察两次体重的差异,称重是在早晨空腹前进行。如果两次称重差异在 150 克以上,便认为妊娠。但由于胎儿在前期生长速度缓慢,胎儿及子宫增加的总重量不大,母兔采食量的误差远比母兔妊娠前期的实际增重大,故称重法准确率不太高。

2. **试情法**　母兔配种 5~6 天后,把母兔放入公兔笼内,若母兔已经妊娠,则会拒绝交配。需注意的是,在生产实践中有时会发生假孕现象,表现为母兔并未妊娠,但拒绝交配。

3. **摸胎法**　一般在母兔配种后 8～10 天进行,最好在早晨饲喂前空腹进行。将母兔放在一平面上,兔头朝向操作者,操作者左手抓住耳朵及颈皮,使之安静,右手大拇指与其他四指分开呈"八"字形,手心向上,伸到母兔后腹部自前向后触摸,未孕的母兔后腹部柔软,妊娠母兔可触摸到似肉球样、可滑动的、花生米大小的胚泡。

摸胎法是目前生产中常用而有效的妊娠诊断方法,操作简便,结果可靠。摸胎时,应注意以下几个问题:

① 8～10 天的胚泡大小和形状与粪球相似,应注意区别。粪球表面硬而粗糙,无弹性和肉球样感觉,分散面较大,并与直肠宿粪相接。

②妊娠时间不同,胚泡的大小、形状和位置不一样。妊娠 8～10 天,胚泡呈圆形,似花生米大小,弹性较强,在腹后中上部,分布较集中;13～15 天,胚泡仍是圆形,似小枣大小,弹性强,分布在腹后中部;18～20 天,胚泡呈椭圆形,似小核桃大小,弹性变弱,在腹中部;22～23 天呈长方形,可触到胎儿较硬的骨头,位于腹中下部,范围扩大;28～30 天,胎儿的头体分明,长 6～7 厘米,充满整个腹腔。

③不同品种、不同胎次的胚泡也不同。一般初产兔胚泡稍小,位置靠后上;经产兔胚泡稍大,位置靠下;大型兔胚泡较大,中小型兔胚泡小些,而且腹壁较紧,不易触摸,应特别注意。

④注意与子宫瘤的区别。子宫瘤虽有弹性,但增长速度慢,一般为 1 个。当肿瘤有多个时,大小一般相差悬殊。大型兔,特别是膘情较差时,肾脏周围的脂肪少,肾脏下垂,初学者容易误将肾脏与 18～20 天的胚胎相混淆。

⑤摸胎最好空腹进行,平面不应太光滑,不可有尖锐物。应在兔安静状态下摸胎,如兔挣扎,应立即停止操作,待其平静后再摸。

如一时诊断不清,可请有经验的人指导;或过几天待胚胎增大后再摸,切忌用力硬捏。一旦确定妊娠,便按妊娠母兔管理,不宜捕捉或摸胎。

(六)人工催情

实际生产中,有些兔长期不发情或处于乏情期,采取有针对性的催情技术可使这些兔发情、配种、受胎、增加产仔数量。具体催情方法如下:

1. 激素催情 孕马血清促性腺激素(PMSG),大型兔80~100单位,中小型兔50~80单位,一次肌内注射;卵泡刺激素(FSH)50单位,一次肌内注射;乙烯雌酚或三合激素0.75~1毫升,一次肌内注射,一般2~3天可发情配种。促排卵激素(LRH-A)5微克或瑞塞脱0.2毫升,一次肌内注射,立即配种或4小时之内配种。

2. 药物催情 每只每日注射维生素E 1~2丸,连续3~5天;中药催情散每日3~5克,连续2~3天;中药淫羊藿每只5~10克。

3. 按摩催情 用手指按摩母兔外阴,或用手掌快节律轻拍外阴部,同时抚摸其腰荐部,每次5~10分钟,4小时后检查,多数发情。

4. 外涂发情 以2%碘酊或清凉油涂擦母兔外阴,可刺激母兔发情。

5. 外激素催情 将母兔放入公兔的隔壁笼内或将母兔放入饲养过公兔、仍然存在公兔气味的笼内。公兔释放的特殊气味可刺激母兔发情。

6. 挑逗发情 将乏情母兔放到公兔笼内,任公兔追赶、啃舔和爬跨,1小时后取出,约4小时后检查,多数有发情表现;否则,可重复1~2次。

7. 断奶发情 泌乳对卵巢的活动有抑制作用。窝产仔较少的可合并仔兔,由一只母兔哺乳仔兔,另一只母兔一般在停奶后

3~5 天发情。哺乳期超过 28 天时即可断奶,使母兔发情配种。

8. **光照催情** 在光照时间较短的冬季和秋季,实行人工补充光照,使每天的光照时间达到 14~16 小时,可促使母兔发情。但是,如果光照时间太长,则会导致母兔的内分泌紊乱而不发情或发情不正常。

9. **营养催情** 配种前 1~2 周,对体况较差的母兔增喂精料和优质青饲料,添加大麦芽、胡萝卜等富含维生素的多汁饲料;或按营养需要的 2 倍以上补喂维生素添加剂和硒元素,特别要注重硒—维生素 E 的补加;饮水中添加弥散型维生素,催情效果良好。实践证明,"兔乐"(河北农业大学山区研究所研制)以 1% 的比例添加在饲料中,可预防母兔出现乏情症,并对乏情母兔有较好的促发情效果。

(七)适时接产

做好接产工作是提高仔兔成活率的重要环节。母兔妊娠期一般为 31 天,应在妊娠 28 天前将清洗消毒、经过晾晒的产仔箱放到母兔笼内,产仔箱内铺垫柔软垫草,使母兔适应环境。

(八)人工催产

一般情况下,母兔都能正常、按期分娩。但是,在个别情况下需要催产处理。例如,妊娠期达到 32 天以上,还没有任何分娩迹象;有的母兔由于产力不足(仔兔发育不良,活动量小或个别仔兔是死胎,不能刺激子宫肌产生有力的收缩或蠕动,或母兔体力不支),而不能按期正常分娩;母兔所怀仔兔数少(1~3 只),在 30 天或 31 天没有产仔,会造成仔兔发育过大而难产;冬季为防止夜间产仔造成仔兔冻死,需调整到白天产仔。

人工诱导分娩常用的方法有:

1. **激素催产** 适用于超期妊娠或种种原因造成的产力不足。

产程太长时,可利用人工催产素(脑垂体后叶素)注射液,每只母兔肌内注射 3~4 单位,10 分钟左右便可分娩。

2. 诱导分娩技术

(1)拔毛法　将妊娠母兔轻轻取出,置于干净平整地面或操作台上(若兔笼内宽敞,也可在笼内进行),左手抓住兔的耳朵及颈部皮肤,使母兔腹部朝上,右手拇指、食指及中指捏住乳头周围的毛,以每个乳头为中心,以半径 2 厘米画圈,一小撮一小撮地拔掉周围的毛。

(2)吮乳法　选择产后 5~10 天的一窝仔兔,要求仔兔发育正常、无疾病、6 小时内没有吃奶,连同产仔箱一起取出,将经过拔毛刺激的母兔放在此产仔箱内,让仔兔吮乳 3~5 分钟,然后将母兔取出。

(3)按摩法　将干净温热的毛巾放在手上,在母兔腹部按摩约 1 分钟,手感母兔腹内变化。

(4)接产法　经上述处理,多数母兔在 15 分钟内可分娩,有的经吮乳而不需要按摩即可分娩。由于母兔产仔速度快,来不及舔净仔兔身上的羊水和血迹,因此应加强护理。

人工诱导分娩是肉兔分娩的辅助手段,是在非常情况下采用的。适用条件是母兔怀仔数较少,胎儿体重较大,有发生难产和死亡的可能;母兔有食仔恶癖,需在人工监护下分娩;寒冷季节,调整母兔白天产仔等情况。诱导分娩必须在确定母兔妊娠已达 30~31 天以上时实施。

(九)提高公兔繁殖力技术

俗话说"母兔好好一窝,公兔好好整坡"。因此,肉兔的多繁技术,除母兔因素外,公兔的作用也是不容忽视的。提高公兔的繁殖力应着力做好以下工作。

1. 种公兔的选择　种公兔应出自于高产种兔的后代,雄性特征明显,健壮有力,睾丸大而匀称,发育良好。种公兔的营养要注意能量、蛋白质、维生素及矿物质的平衡。饲料粗劣则体质衰退;营养含量太高,特别是能量水平太高易造成过肥,公兔懒惰、骨软,配种无力。

2. 种公兔的使用 种公兔的初配月龄不宜太小,应根据品种特点灵活掌握。一般应比母兔晚 1~1.5 个月。在本交的情况下,应保证公兔的数量,一般公母比例为 1:8~10。公兔配种频率要适当,一般每日配种 1~2 次,连续配种 2~3 天休息 1 天。

3. 种公兔的保护 公兔怕热,30℃以上高温会使公兔睾丸生精上皮细胞变性,暂时失去生精能力。在我国南方地区,公兔有"夏季不育"现象,河北省及其周边省份,夏季及秋季公兔配种能力下降,母兔受胎率及产仔数低。睾丸功能的恢复需 1.5~2 个月。因此,在华北一带公兔配种能力需在 10 月份以后才能恢复正常。所以,夏季为公兔提供凉爽的环境,保持公兔睾丸功能,缩短因炎热而导致性功能衰退的时间,也是提高肉兔繁殖力、达到多繁效果的重要措施。在实际生产中,盛夏高温季节,山区可将公兔暂养在山洞内;平原地区可放在地窖内。有条件的兔场可在公兔舍内安装空调,对提高秋季配种受胎率极为有利。

(十)搞好冬繁

肉兔是常年发情繁殖的动物,但繁殖期间对温度有较高的要求。由于我国大多数地区冬季寒冷,在自然条件下,繁殖率低下,而且仔兔很难成活。因此,不少地方采取冬季歇产,这是一种极大的浪费。冬繁是提高种用价值、增加经济效益的措施之一。我们应创造条件,搞好冬季繁殖。

冬季繁殖的限制因素有三:

第一,温度条件。由于初生仔兔裸体无毛,出生后 10 日龄才初具体温调节能力,其适宜温度为 30℃~32℃。因此,冬繁成功的关键是为仔兔提高适宜的环境温度。母兔产仔的最低温度为5℃,仔兔成活的温度为15℃~25℃。生产中多采用母仔分离法(即将母兔放于温暖处,定时哺乳)、半地下窝、地下窝、塑料大棚法、火墙增温法、山洞法等控制适宜温度。

第二,光照条件。母兔发情对光照具有一定的依赖性。繁殖适宜的光照时间为14~16小时,而在冬季的自然光照时间仅为11小时左右,致使冬季母兔长期不发情或发情不明显。因此,应采取自然光照和人工光照相结合,使每天的光照时间达到14~16小时。

第三,营养条件。母兔繁殖和泌乳对维生素需要量增加,冬季青饲料缺乏,维生素的供应受到一定限制,因此冬季应提供一定量的富含维生素的饲料,如胡萝卜、大麦芽、豆芽等;多汁饲料不足的情况下,按需要量的2倍添加维生素添加剂。

(十一)确定适宜的繁殖模式

家兔的繁殖制度是家兔在繁殖过程中所遵循的一定的程序,制定依据是繁殖周期的长短。家兔的繁殖周期是指前一次分娩到下一次分娩的时间间隔,决定因素是母兔产后的配种时间和仔兔断奶时间,母兔产后配种早,仔兔断奶早,则繁殖周期短;反之,则繁殖周期长。母兔产后不同时间配种,受胎率也不同。产后1~2天配种受胎率较高,至第四天达最低水平,这种状态一直持续到产后第14天,之后受胎率又逐渐升高,至断奶时达到较高水平。这种产后不同时间配种受胎率不同的现象,为我们确定不同的繁殖制度提供了理论依据。根据肉兔繁殖周期,其繁殖制度可分成4种:频密式繁殖制度、半频密式繁殖制度、延期繁殖制度和复合繁殖制度。

1. **频密繁殖**　又称血配。是利用家兔产后发情的生物学特性,在母兔产后1~2天立即配种,仔兔28天断奶,使泌乳和妊娠同步进行的一种繁殖制度。适用于管理水平高、气候适宜、有条件控制小气候的兔场,采用此方法配合同期发情、同期配种、同期产仔,便于生产管理,且繁殖周期短。理论计算,采取频密繁殖,1 只健康母兔 1 年可繁殖 11 胎。实际生产中,频密繁殖仅适用于壮龄母兔在春、秋两季采用,并且配合仔兔早期补料和早期断奶;在营养和环境不理想的情况下,尽量不要连续进行。

2. **半频密繁殖** 又称奶配。是在母兔泌乳期间配种,但泌乳高峰期避开胎儿快速发育期的一种繁殖制度。一般在母兔产仔后的 8~15 天配种,一方面这个阶段配种容易受胎;另一方面使母兔泌乳高峰期(产后 15~20 天)和胎儿快速发育期(妊娠 20~出生)错开。此种繁殖方法每年可繁殖 5~6 胎。适用于半集约化商品肉兔场。

3. **延期繁殖** 延期繁殖制度是指母兔在仔兔断奶后一定时间再次配种受胎的一种繁殖制度。由于母兔在泌乳期间消耗大量的营养,使体内营养处于负平衡状态。因此,采取延期繁殖,可使母兔体况得到一定恢复和休整,适用于连续频密繁殖的母兔或非繁殖黄金季节。

4. **复合繁殖** 复合繁殖制度是根据以上 3 种繁殖制度的优点和缺点,有机结合不同繁殖模式,并科学运用,在保证母兔体况的情况下,达到多繁的目的。

通过试验,我们总结出的肉兔适宜繁殖模式见表 4-4。

表 4-4　肉兔适宜繁殖模式

胎　次	配种日期	产仔日期	断奶日期	哺乳时间(天)	休养时间(天)
1	2 月上旬	3 月上旬	4 月上旬	30	−20
2	3 月上旬	4 月上旬	5 月上旬	35	−25
3	4 月中旬	5 月中旬	6 月下旬	42	45

续表 4-4

胎 次	配种日期	产仔日期	断奶日期	哺乳时间（天）	休养时间（天）
4	8月中旬	9月中旬	10月中旬	30	-29
5	9月中旬	10月中旬	11月中旬	35	-25
6	10月下旬	11月下旬	1月上旬	42	29

注：-29，-25 是指泌乳。

我国多数兔场规模化程度不高，环境控制能力不足，建议采取复合繁殖模式，根据家兔营养条件和饲养地区的气候，3 种繁殖制度灵活运用，规模化程度较高的兔场建议借鉴当前欧洲多采用的分组轮回繁殖制度，主要包括 42 天繁殖模式和 49 天繁殖模式，下面做一简单介绍：

42 天繁育模式：当前欧洲兔场的繁殖节奏多采用 42 天繁殖模式，将兔群分成 6 组，进行轮流繁育，在同期配种、同期产仔、同期断奶、同期选育的基础上，以 42 天为 1 个生产周期，产仔后 11 天配种，交配后 13 天摸胎、妊娠 29~31 天产仔，即整个"四同期"生产过程在 42 天内完成，年平均繁育 8.7 个胎次。可产生相对固定的每日、每周工作流程，生产模式示意图见图 4-1，生产流程安排见表 4-5。

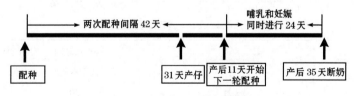

图 4-1　42 天繁育模式示意图

表 4-5　42 天繁殖模式工作流程

周　次	周　一	周　二	周　三	周　四	周　五	周　六	周　日
第一周	配种-1						休息
第二周	配种-2					摸胎-1	
第三周	配种-3					摸胎-2	
第四周	配种-4					摸胎-3	
第五周	配种-5	安产箱-1	产仔-1	产仔-1	产仔-1	摸胎-4	
第六周	配种-6	安产箱-2	产仔-2	产仔-2	产仔-2	摸胎-5	
第七周	配种-1	安产箱-3	产仔-3	产仔-3	产仔-3	摸胎-6	
第八周		安产箱-4	产仔-4 撤产箱-1	产仔-4	产仔-4	摸胎-1	
第九周		安产箱-5	产仔-5 撤产箱-2	产仔-5	产仔-5		
第十周		安产箱-6 断　奶-1	产仔-6 撤产箱-3	产仔-6	产仔-6		

　　49 天繁育模式：相比 42 天繁殖模式，繁殖周期延长，年平均繁育胎次由 8.7 胎降低到 7.4 胎，但更适合我国家兔的养殖水平。将兔群分成 6 组，进行轮流繁育，在同期配种、同期产仔、同期断奶、同期选育的基础上，以 49 天为 1 个生产周期，产仔后 18 天配种，交配后 13 天摸胎、妊娠 29~31 天产仔，即整个"四同期"生产过程在 49 天内完成。模式示意图见图 4-2，固定的每日、每周工作流程见表 4-6。

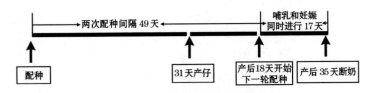

图 4-2　49 天繁育模式示意图

表4-6　49天繁育模式工作流程

周　次	周　一	周　二	周　三	周　四	周　五	周　六	周　日
第一周	配种-1						休息
第二周	配种-2					摸胎-1	
第三周	配种-3					摸胎-2	
第四周	配种-4					摸胎-3	
第五周	配种-5	安产箱-1	产仔-1	产仔-1	产仔-1	摸胎-4	
第六周	配种-6	安产箱-2	产仔-2	产仔-2	产仔-2	摸胎-5	
第七周	配种-7	安产箱-3	产仔-3	产仔-3	产仔-3	摸胎-6	
第八周	配种-1	安产箱-4	产仔-4 撤产箱-1	产仔-4	产仔-4	摸胎-7	
第九周		安产箱-5	产仔-5 撤产箱-2	产仔-5	产仔-5	摸胎-1	
第十周		安产箱-6 断　奶-1	产仔-6 撤产箱-3	产仔-6	产仔-6		

第五章
肉兔营养需要与饲料加工技术

一、肉兔的营养需要

肉兔的营养需要是指肉兔在一定环境条件下维持生命健康、正常生长和良好的生产（繁殖、育肥、产奶、产皮毛）过程中，对能量和各种营养物质的需要。饲料中被肉兔用以维持生命、生产产品的营养物质可以分为6大类：

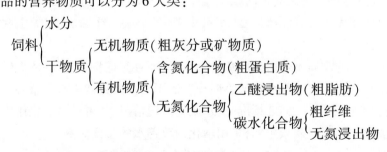

（一）水与肉兔营养

动物对水的需要比对其他营养物质的需要更重要。正常情况下，肉兔的需水量与采食的干物质量呈比例关系，一般采食每千克干物质需饮水 2~5 千克。

1. **水的营养生理作用**　水的营养生理作用很复杂,肉兔生理功能都依赖于水的存在。①水是家兔机体细胞的主要结构物质,其体内所含水分约占其体重的70%,随着年龄和体重的增加而减少。②水是一种理想的溶剂,水在肉兔体内不但作为转运半固状食糜的中间媒介,还是血液、组织液、细胞及分泌物、排泄物等的载体。机体内各种营养物质的吸收、转运和代谢废物的排出必须溶于水后才能进行。③水是肉兔机体内化学反应的介质,水参与细胞内、外的化学作用,促进新陈代谢,如氧化还原、有机化合物的合成和细胞的呼吸等过程都离不开水。④有利于肉兔体温的调节,由于水能够迅速传递和蒸发散失热能,有利于降低机体体温。⑤润滑保护作用,水作为关节、肌肉和体腔的润滑剂,可以减少关节和器官间的摩擦力。

2. **肉兔对水的质和量的要求**　肉兔对水的需要量一般为采食干物质量的1.5~2.5倍,肉兔需水量为每日每千克体重100~120毫升。肉兔的需水量随着年龄、季节、环境温度(表5-1)、生理状态(表5-2)、饲料特性等不同而有差异。炎热的夏季需水量增加;青绿饲料供给充足时饮水量减少;幼兔生长发育快,饮水量相对成年兔多,而哺乳母兔饮水量更多;冬季最好饮温水,以免引起胃肠炎。

水的品质不但影响肉兔的饮水量,而且对饲料的消耗、肉兔健康和生产水平等都会造成不同程度的影响。肉兔饮用水质量必须符合NY 5027—2008标准,饮水质量差的情况下,可通过氯化作用清除和消灭致病微生物,采用软化剂改善水的硬度。

表 5-1　环境温度对家兔采食量的影响

环境温度(℃)	相对湿度(%)	采食量(克/天)	料重比	饮水量(毫升/天)
5	80	184	5.02：1	336
8	70	154	4.41：1	268
30	60	83	5.22：1	448

表 5-2　家兔不同生理状态下每日需水量

类　型	日需要量(升)
妊娠或妊娠初期母兔	0.25
妊娠后期母兔	0.57
种公兔	0.28
哺乳母兔	0.60
母兔+7 只仔兔(6 周龄)	2.30
母兔+7 只仔兔(7 周龄)	4.50

3. **供水不足对肉兔的影响**　缺水会导致肉兔食欲减退或废绝,消化能力减弱,抗病力下降,体内蛋白质和脂肪的分解加强,氮、钠、钾排除增加,代谢紊乱,代谢产物排出困难,血液浓度及体温升高,使生产力遭受严重破坏。表现为仔兔生长发育迟缓,增重减慢,母兔泌乳量降低。当体内损失 20% 的水分时,即可引起死亡。

家兔具有根据自身需要调节饮水量的能力。因此,应保证家兔自由饮水。

(二)蛋白质与肉兔营养

肉兔在生长发育过程中需要不断从自然界获得蛋白质,生产产品的本质也是将饲料中含氮化合物转化为其机体蛋白质的过程。

1. **蛋白质的组成**　构成蛋白质的基本单位是氨基酸,氨基酸的数量、种类和排列顺序的变化,组成了各种各样的蛋白质,不同的蛋白质具有不同的结构和功能。其中有些氨基酸肉兔自身能够合成,且合成的数量和速度能够满足家兔的营养需要,不需要饲料供给,这些氨基酸被称为非必需氨基酸;有些氨基酸在肉兔体内不能合成,或者合成量不能满足其营养需要,必须由饲料供给,这些氨基酸被称为必需氨基酸。必需氨基酸和非必需氨基酸是相对饲料而言的,对于家兔生理来说并没有必需和非必需之分。当蛋白质中氨基酸的组成种类、数量及比例能够满足家兔营养需要,该蛋白质即是肉兔的理想蛋白质。理想蛋白质模式的本质是氨基酸间的最佳平衡模式,以这种模式组成的饲粮蛋白质最符合肉兔的需要,因而能够最大限度地被利用。

2. **蛋白质的作用** 蛋白质广泛存在于肉兔的肌肉、皮肤、内脏、血液、神经、结缔组织等,参与构成各种细胞组织,维持皮肤和组织器官的形态和结构。肉兔体内的酶、激素、抗体等的基本成分也是蛋白质,在体内参与多种重要的生理活动,如免疫因子、免疫球蛋白和干扰素对机体有保护作用,胰岛素、生长素和催乳素有激素调节等作用。它是机体组织再生、修复的必要物质,是肉兔的肉、奶、皮、毛的主要成分,如兔肉中粗蛋白质含量为 22.3%,兔奶粗蛋白质含量为 13%~14%。蛋白质能够提供能量,转化为糖和脂肪。

3. **蛋白质在肉兔体内的消化代谢** 饲料蛋白质在口腔中几乎不发生任何变化,主要是在胃和小肠上部进行消化。蛋白质在胃蛋白酶的作用下分解为蛋白胨和蛋白胨,蛋白胨和蛋白胨及未被消化的蛋白质进入小肠。在小肠胰蛋白酶、糜蛋白酶、肠肽酶的作用下,最终被分解为氨基酸和小肽,被小肠黏膜吸收进入血液。未被消化的蛋白质进入大肠,由盲肠中的微生物分解为氨基酸和氨,一部分被盲肠微生物合成菌体蛋白,随软粪排出体外。软粪中含有丰富的蛋白质和氨基酸,是成年家兔营养的一个重要来源。从胃肠道中吸收进入血液的氨基酸和小肽被转运至机体的各个组织器官,合成体蛋白、乳蛋白,修补体组织或氧化供能。多余氨基酸在肝脏中脱氨形成尿素,经肾脏排出。

家兔对于植物性饲料中的蛋白质能够有效消化和利用,如对苜蓿草粉蛋白质的消化率可达到 75%。幼兔对非蛋白氮几乎不能利用,成年兔的利用率也极低。有研究表明,当生长兔日粮中缺乏蛋白质(低于 12.5%)时,可加入 1.5% 的尿素(一般认为尿素的安全用量为 0.75%~1.5%),同时必须加入 0.2% 的蛋氨酸。当日粮中含有过量的尿素等非蛋白氮时,不但会引起肉兔中毒,而且机体为了消除更多的尿素而动员能量,造成生产性能下降。试验证明,母兔饲粮中的尿素含量如果超过 1%,会影响其繁殖效率。

4. 蛋白质不足和过量对家兔的影响　当饲料中蛋白质数量和质量适当时可改善饲粮的适口性,增加采食量,提高蛋白质的利用率;当饲料中蛋白质不足或质量差时,表现为氮的负平衡,消化酶减少,影响消化利用率;当饲料中提供的蛋白质不足时会造成机体合成蛋白质不足,体重下降,免疫力降低,生长停滞,严重者会破坏生殖功能,受胎率降低,产生弱胎、死胎。

当蛋白质供应过量和氨基酸不平衡时,在体内氧化产热,或转化成脂肪储存在体内,不仅造成蛋白质浪费,而且在胃肠道内引起细菌的腐败过程,产生大量的胺类,增加肝、肾的代谢负担。因此,在养兔生产实践中,应合理搭配家兔日粮,保障蛋白质质和量的合理科学。

(三)碳水化合物与肉兔营养

1. 碳水化合物组成及分类　按照常规分析法分类,碳水化合物分为无氮浸出物(可溶性碳水化合物)和粗纤维(不可溶性碳水化合物)。前者包括单糖、双糖和多糖类(淀粉)等,后者包括纤维素、半纤维素、木质素和果胶等。现代分类法将碳水化合物分为单糖、低聚糖(寡糖)、多聚糖及其他化合物。

2. 碳水化合物的营养生理作用　肉兔采食碳水化合物,经消化水解生成的葡萄糖是供给肉兔代谢活动的最有效的能量。①碳水化合物能够提供家兔所需能量的 60%~70%。葡萄糖也是肌肉、脂肪组织、胎儿生长发育、乳腺等组织代谢活动的主要能量来源。②多余的碳水化合物可以转变为糖原和脂肪在体内储存,作为肉兔的能量储备物质。③碳水化合物普遍存在于肉兔的各个组织中,如核糖和脱氧核糖是细胞核酸的构成物质;黏多糖参与构成结缔组织基质;糖脂是神经细胞的组成成分。碳水化合物也是某些氨基酸的合成物质及合成乳脂和乳糖的原料。④促进消化道发育。对于肉兔,饲粮中添加适宜的纤维性物质有促进胃肠蠕动、刺激消化液分泌的功能。

3. 碳水化合物的消化、吸收和代谢　碳水化合物中的无氮浸出物和粗纤维在化学组成上颇为相似,均以葡萄糖为基本结构单位,但由于结构不同,它们的消化途径和代谢产物完全不同。

(1)无氮浸出物的消化、吸收和代谢　在家兔胃肠道中只有单糖才能被直接吸收。因此,作为家兔饲料重要组成成分的无氮浸出物必须被家兔自身分泌的消化酶或者微生物来源的酶降解为单糖后才能够被利用。由于家兔唾液中缺乏淀粉酶,因而在其口腔中很少发生酶解作用。胃不分泌淀粉酶,因此碳水化合物在胃中消化甚微。碳水化合物消化的主要部位是十二指肠,在十二指肠与胰液、肠液、胆汁混合后,α-淀粉酶将淀粉及相似结构的多糖分解成麦芽糖、异麦芽糖和糊精,然后由肠黏膜产生的二糖酶彻底分解成单糖被吸收。而没被消化的碳水化合物则被盲肠和结肠中的微生物分解,产生挥发性脂肪酸和气体。

被吸收的单糖一部分通过无氧酵解、有氧氧化等分解代谢,释放能量供兔体需要;一部分进入肝脏合成肝糖原暂时储存起来,还有一部分通过血液被输送到肌肉组织中合成肌糖原,作为肌肉运动的能量。当有过多的葡萄糖时,被运送至脂肪组织及细胞中合成脂肪作为能量储备。哺乳期则有一部分葡萄糖进入乳腺合成乳糖。

(2)粗纤维的消化、吸收和代谢　家兔胃肠道中没有消化纤维素的酶,主要在盲肠和结肠中的微生物作用下分解为挥发性脂肪酸(VFA)和气体,VFA 中乙酸占 78.2%,丙酸占 9.3%,丁酸占 12.5%。VFA 被机体吸收利用,气体被排出体外。VFA 可满足肉兔每日能量需要的 10%～20%。家兔是草食动物,利用粗纤维的能力比猪、禽强,但是低于马、牛、羊。据资料报道,家兔对粗饲料仅能消化 10%～28%,对青绿饲料消化率为 30%～90%,对精饲料消化率 25%～80%。

4. 碳水化合物不足和过量对家兔的影响　当饲料中碳水化合物不足时,肉兔为维持生命活动就停止生产,并动用体内储备的糖原和脂肪用以供能,造成体重减轻、生长停滞和生产力下降。缺乏严重时,便分解体蛋白供给最低能量需要,造成肉兔消瘦,抵抗力下降,甚至死亡。

日粮粗纤维含量过低时,兔容易发生消化紊乱、腹泻、肠炎、生长迟缓,甚至死亡;日粮粗纤维含量过高时,加重消化道负荷,导致肠管副交感神经兴奋性增高,影响大肠对粗纤维的消化,削弱其他营养物质的消化吸收利用。

(四)脂肪与肉兔营养

1. 脂肪的组成和分类　脂肪是广泛存在于动、植物体内的一类具有某些相同理化特性的营养物质,是一类不溶于水而溶于有机溶剂,如乙醚、苯、氯仿的物质。根据其结构的不同被分为真脂肪(又称中性脂肪)和类脂肪两大类。中性脂肪,又称甘油三酯,仅含有碳、氢、氧三种元素,由 1 分子甘油和 3 分子脂肪酸构成的有机化合物;类脂是指除了中性脂肪外的所有脂类的总称,分子中除了含碳、氢、氧元素外,还含有其他元素,如磷、氮等。饲料中的脂类绝大多数是中性脂肪,而类脂仅含 5%左右。

2. 脂肪的营养生理作用

(1)脂肪是含能量很高的营养素　生理条件下脂肪所含能量是蛋白质和碳水化合物的 2.25 倍。脂肪适口性好,含能量高,是家兔能量的重要来源,也是兔体储存能量的最佳形式。

(2)脂肪是构成家兔组织的重要原料　家兔的各种组织器官,如神经、肌肉、皮肤、血液的组成中均含有脂肪,并且主要为类脂肪,如磷脂和糖脂是细胞膜的重要组成成分;固醇是体内合成类固醇类激素和前列腺的重要物质,它们对调节家兔的生理和代谢活动非常重要。甘油三酯是机体的储备脂肪,主要存在于肠系膜、皮下组织、肾脏周围以及肌纤维之间。

(3)协助脂溶性物质的吸收　脂肪作为溶剂可协助脂溶性维生素及其他脂溶性物质的消化吸收。试验证明,饲料中含有一定量的脂肪可促进脂溶性维生素的吸收,日粮中含有 3%的脂肪时,家兔能吸收 60%~80%的胡萝卜素;当脂肪含量仅为 0.07%时,只能吸收 10%~20%。饲料中如果缺乏脂肪,可导致脂溶性维生素的缺乏。

(4)提供必需脂肪酸　在不饱和脂肪酸中,有几种多不饱和脂肪酸不能在家兔的体内合成或合成量不能满足需要,必须由日粮供给,对机体正常功能和健康具有保护作用,这些脂肪酸叫必需脂肪酸。主要包括 α-亚麻酸、亚油酸和花生四烯酸。

(5)维持体温、防护作用及提供代谢水　皮下脂肪可阻止体表散热和抵抗微生物的侵袭,冬季可起到保温作用,有助于御寒。尤其对幼龄仔兔维护体温具有重要的意义。此外,内脏器官周围的脂肪有缓冲外力的作用。脂肪还是代谢水的重要来源。每克脂肪氧化可产生 1 毫升的代谢水,而每克蛋白质和碳水化合物可分别产生 0.42 毫升和 0.6 毫升的代谢水。

3. 脂肪的消化吸收与代谢　家兔的口腔和胃几乎不消化脂肪,脂肪的消化主要在小肠内由胰腺分泌的胰脂肪酶催化完成。脂肪进入十二指肠后,在肠蠕动的作用下与胰液和胆汁混合,胆汁中的胆汁盐使脂肪乳化并形成水包油的小胶体颗粒,以便于脂肪与胰液在油—水界面处充分接触,脂肪被充分消化。胰脂肪酶能将食糜中的甘油三酯分解为脂肪酸和甘油。磷脂由磷脂酶水解成溶血磷脂和脂肪酸。胆固醇酯由胆固醇酯水解酶水解成脂肪酸和胆固醇。饲料中的脂肪 50%～60% 在小肠中分解为甘油和脂肪酸。日粮中一部分脂类在大肠中微生物的作用下被分解为挥发性脂肪酸。不饱和脂肪酸在微生物的作用下,被分解成饱和脂肪酸,胆固醇被分解成胆酸。

大部分固醇、脂溶性维生素等非极性物质,甚至部分甘油三酯都随脂类—胆盐微粒吸收。脂类水解产物在载体蛋白的协助下通过易化扩散过程吸收。

4. 脂肪不足和过量对家兔的影响　一般认为,日粮中适宜的脂肪含量为 2%～5%。这有助于提高饲料的适口性,减少粉尘,并在制作颗粒饲料中起润滑作用。仔兔对脂肪的需要较高,兔乳汁中含脂肪达 12.2%;生长兔、妊娠母兔维持量为 3%,哺乳母兔为5%。日粮中脂肪含量不足,会导致兔体消瘦和脂溶性维生素缺乏症,公兔副性腺退化,精子发育不良;母兔受胎率下降,产仔数减少。日粮中脂肪含量过高,则会引起饲料适口性降低,甚至出现腹泻、死亡等。

(五)矿物质与肉兔营养

矿物质是一类无机的营养物质,是兔体组织成分之一,约占体重的 5%。根据体内含量分为常量元素(钙、磷、钾、钠、氯、镁和硫等)和微量元素(铁、锌、铜、锰、钴、碘、钼和硒等)。

1. 钙和磷　是在家兔体内含量最高的两种元素,占矿物质总量的 65%～70%。钙和磷是骨骼和牙齿的主要成分。其中,钙对维持神经和肌肉兴奋性和凝血酶的形成具有重要作用,而且对维持心脏功能、肌肉收缩和电解质平衡也有重要作用。磷以磷酸根的形式参与体内代谢,在高能磷酸键中储存能与脱氧核糖核酸(DNA)、核糖核酸(RNA)以及许多酶和辅酶的合成,在脂类代谢中起着重要作用。

钙、磷的吸收主要受以下因素影响：与钙、磷在肠道内浓度呈正比；维生素 D、肠道酸性环境有利于钙、磷吸收，而与过量的草酸、植酸及铝、镁等结合成不溶性化合物则不利于吸收。

钙与磷的比例为 1.5~2：1 时吸收率较高。家兔能耐受高钙，据报道，日粮含钙 4.5%，钙磷比例 12：1 时不会降低幼兔的生长速度和母兔繁殖性能。原因是肉兔血钙主要受钙水平影响较大，不被降血钙素、甲状旁腺素所调节。此外，家兔肾脏对维持体内钙平衡起重要作用，家兔钙的代谢途径主要是尿，饲喂高钙日粮时家兔尿钙水平提高，尿中有沉积物出现。当高钙日粮中钙磷比例为 1：1 或以上时，才能耐受高磷（1.0%~1.5%），过多的磷由粪排出。

日粮中钙、磷低于家兔需要量时会导致家兔佝偻病和骨质疏松症。此外，家兔缺钙还会导致痉挛，母兔繁殖力受阻，泌乳期跛行；缺磷主要为厌食、生长不良。一般认为，日粮中钙水平为 1.0%~1.5%，磷的水平为 0.5%~0.8%，二者比例 2：1 可以保证家兔需要。

2. 钾、钠、氯　钾、钠和氯这 3 种元素主要分布在家兔体液和软组织中。3 种元素协同作用保持体内的正常渗透压和酸碱平衡。钠是血浆和其他细胞外液的主要阳离子，和其他离子协同参与维持肌肉神经的兴奋性。氯主要存在于动物体细胞外液中，在胃内呈游离状态，和氢离子结合成盐酸，可激活胃蛋白酶，保持胃液呈酸性，具有杀菌作用。氯化钠还具有调味和刺激唾液分泌的作用。

钾、钠和氯在家兔空肠中主要以主动方式吸收。钠可随葡萄糖、氨基酸吸收而吸收，最终从肾脏随尿液排出体外。植物性饲料中含钾多，很少发生缺钾现象。据报道，生长兔日粮中钾的含量一般为 0.6%，如果含量在 0.8%~1.0% 以上，则会引起家兔的肾脏病。而钠和氯的含量少且由于钠在家兔体内没有储存能力,所以必须经常从日粮中供给。据试验,日粮中钠的含量应为 0.2%,氯为 0.3%。当缺乏钠和氯时,幼兔生长受阻,食欲减退,易出现异食癖等。一般生产中,家兔日粮以食盐形式添加,用量以 0.5%左右为宜。

3. 镁　肉兔体内 60%~70%的镁以磷酸盐和碳酸盐形式参与骨骼和牙齿的构成,25%~40%的镁与蛋白质结合成络合物,存在于软组织中。镁是多种酶的活化剂,在糖和蛋白质代谢中起着重要作用,能维持神经、肌肉的正常功能。

据试验,肉兔日粮中含有 0.25%~0.40%的镁可满足营养需要量。家兔缺镁易导致过度兴奋而痉挛,幼兔生长停滞,成年兔耳朵明显苍白和毛皮粗糙。日粮中严重缺镁时(镁含量低于 57 毫克/千克),肉兔易发生脱毛现象或"食毛癖",母兔妊娠期延长,配种期严重缺镁,会使产仔数减少,提高镁的水平后可缓解这种现象。

4. 硫　硫是自然界中常见的元素,是软骨、腱、血管壁、骨和毛的主要组成成分,其中毛中含量最多。硫在三大营养物质(蛋白质、脂类和碳水分合物)和能量代谢中分别作为含硫氨基酸、生物素、硫胺素和辅酶 A 的重要组成成分而起着作用。

当家兔日粮中硫缺乏时,会出现食欲丧失、多泪、流涎、脱毛、体质虚弱等症状。各种蛋白质饲料均是硫的重要来源。当肉兔日粮中含硫氨基酸不足时,添加无机硫酸盐,可提高肉兔的生产性能和蛋白质的沉积。

5. 铁　肉兔体内的铁大部分存在于血红蛋白和肌红蛋白中,参与组成血红蛋白、肌红蛋白及多种氧化酶的成分,与血液中氧的运输及细胞内生物氧化过程有着密切的关系。缺铁的典型症状是贫血,表现为体重减轻,倦怠无神,黏膜苍白。由于家兔的肝脏有很大的储铁能力,因此仔兔和其他家畜一样,出生时肝脏中储存着丰富的铁,但不久就会用尽,而且兔奶中含铁量很少,需适量补给。铁的适宜含量为每千克日粮100毫克左右。

6. 铜 铜作为酶的组成成分在血红素和红细胞的形成过程中起催化作用,同时在代谢过程和毛发形成过程中起着重要作用。家兔对铜的吸收仅为5%~10%,并且肠道微生物还将其转化成不溶性的硫化铜。仔兔出生时,铜在肝脏中的储存量较高,但在出生2周后迅速下降,兔奶中铜的含量仅为0.1毫克/千克。通常在家兔日粮中铜的添加量以5~20毫克/千克为宜。

铜除了重要的营养作用外,还被作为一种生长促进剂广泛应用。饲喂高铜日粮,虽然使肉兔生长速度明显提高,但会减小盲肠壁的厚度,而且会造成环境污染。此外,有报道称,铜对幼兔及卫生状况差、存在肠炎、肠毒血症疾病的兔场有积极作用,但是欧洲禁用硫酸铜作为生长促进剂,美国也不允许硫酸铜在商品饲料中的高水平利用。

7. 锌 锌作为肉兔体内多种酶的成分参与体内营养物质的代谢,与核酸的生物合成有关,在细胞分裂中起重要的作用。缺锌时,家兔生长受阻,被毛粗乱,脱毛,皮炎和繁殖功能障碍。据报道,母兔日粮中锌的水平为2~3毫克/千克日粮时,会出现严重的生殖异常现象;2周后生长停滞;每千克日粮含锌50毫克时,生长和繁殖恢复正常。

8. 锰 锰是肉兔体内多种酶的激活剂,尤其在作为骨骼有机质形成过程中所需酶的激活剂具有重要作用。此外,锰在参与碳水化合物及脂肪代谢、核酸和蛋白质的生物合成方面也具有重要作用。缺锰时,易导致肉兔骨骼发育异常,如弯腿、脆骨症、骨短粗症。锰还与胆固醇的合成有关,而胆固醇是性激素的前体,所以缺锰影响正常的繁殖功能。

家兔每天需要1~4毫克的锰。如果每天喂给8毫克的锰时,家兔生长速度降低,这可能是锰与铁的拮抗作用造成的。

9. **硒** 硒在家兔体内的作用主要是作为谷胱甘肽过氧化物酶的成分起到抗氧化作用,对细胞正常功能起保护作用;还能保证睾酮激素的正常分泌,对公兔的繁殖功能具有重要作用。此外,硒对肉兔的免疫功能也有重要的作用。家兔对硒的代谢与其他动物不同之处是对硒不敏感,表现在:硒不能节约维生素 E,在保护过氧化物损害方面,更多依赖于维生素 E,而硒的作用很小;用缺硒的饲料喂其他动物,会引起肌肉营养不良,而家兔无此症状。一般认为,家兔对硒的需要量为 0.1 毫克/千克饲料。

10. **碘** 碘是甲状腺激素的重要组成成分,是调节基础代谢和能量代谢,生长、繁殖不可缺少的物质。缺碘具有地方性。缺碘易发生代偿性甲状腺增生和肿大。在哺乳母兔日粮中添加高水平的碘(250~1 000 毫升/千克)会引起仔兔的死亡或成年兔中毒。家兔日粮中适宜的碘含量为 0.2 毫克/千克。

11. **钴** 钴在家兔体内的主要生物学功能是参与维生素 B_{12} 的合成,以及通过激活多种酶的活性而参与造血过程。家兔和反刍动物一样,需要钴在盲肠中参与微生物合成维生素 B_{12}。家兔对钴的利用率较高,对维生素 B_{12} 的吸收也较好。仔兔每天对钴的需要量低于 0.1 毫克。成年兔、哺乳母兔、育肥兔日粮中经常添加钴 0.1~1.0 毫克/千克,可保证正常的生长和消除维生素 B_{12} 缺乏症状。当日粮钴的水平低于 0.03 毫克/千克时会发生缺乏症。在生产实践中不易发生缺钴症。

(六)维生素与肉兔营养

维生素是一些结构和功能各不相同的有机化合物,既不是形成家兔机体各种组织器官的原料,也不是能源物质。它们主要以辅酶和催化剂的形式参与体内代谢的多种化学反应,从而保证家兔机体组织器官的细胞结构和功能正常,以维持家兔的健康和各种生产活动,是其他营养物质所不能代替的。家兔对维生素的需要量虽然很少,但若缺乏将导致代谢障碍,出现相应的缺乏症。在家庭饲养条件下,饲喂家兔大量青绿饲料,一般不会发生缺乏。

根据其溶解性,将维生素分为脂溶性维生素和水溶性维生素两大类。

1. **脂溶性维生素** 脂溶性维生素是一类溶于脂肪的维生素,包括维生素 A、维生素 D、维生素 E 和维生素 K。除维生素 K 可由动物消化道微生物合成所需要量外,其他脂溶性维生素必须通过饲粮补充。

(1)维生素 A 又称抗干眼病维生素,是含有 β-白芷酮环的不饱和一元醇。维生素 A 只存于动物体内,植物中不含维生素 A,而含有维生素 A 原(先体)——胡萝卜素,它在一定条件下可以在机体内转化为具有活性的维生素 A。维生素 A 的作用非常广泛,能够维持家兔正常视觉、保护上皮组织完整、促进性激素形成、调节三大营养物质代谢,促进家兔生长、维护骨骼正常生长和修补、提高免疫力。

如果长期缺乏维生素 A,会造成幼兔生长缓慢,发育不良;视力减退,夜盲症;上皮细胞过度角化,引起干眼病、肺炎、肠炎、流产、胎儿畸形;骨骼发育异常而压迫神经,造成运动失调,家兔出现神经性跛行、痉挛、麻痹和瘫痪等多种缺乏症。据报道,每日每千克体重供给 6 000 国际单位的维生素 A 可保证幼兔健康和正常生长。

维生素 A 的过剩同样会对家兔生长产生不良影响。据报道,生长兔每日每只补给 12 000 国际单位的维生素 A,6 周后的增重降低;母兔每日口服 25 000 国际单位的维生素 A,产仔数明显下降,死胎、胎儿脑积水、出生后 1 周死亡率及哺乳阶段的死亡率均较高。

(2)维生素 D 又称抗佝偻病维生素,是家兔经阳光照射合成的,与其机体内钙、磷代谢关系密切。维生素 D 的主要生理功能是,1,25-二羟胆钙化醇(具有活性的维生素 D)在家兔肠细胞内促进钙结合蛋白的形成,并激活肠上皮细胞的钙、磷运输体系,增加钙、磷吸收;促使肾小管重吸收钙和磷酸盐。1,25-二羟胆钙化醇还能与甲状旁腺素一起维持血钙和血磷的正常水平。此外,胆钙化醇(1,25-二羟胆钙化醇)还能促进肠道黏膜和绒毛的发育。

饲料中维生素 D 含量为 880 国际单位/千克即可满足需要。过量会引起家兔骨骼及动脉、肝、肾等软组织的钙化。据报道,每千克日粮含有维生素 D 2 300 国际单位时,血液中钙、磷水平均提高,且几周内会发生软组织钙沉积。

(3)维生素 E 又称生育酚,是维持家兔的正常繁殖所必需的,具有抗氧化作用和生物催化作用。在家兔体内,维生素 E 与微量元素硒协同作用,保护细胞膜的完整性,维持肌肉、睾丸及胎儿组织的正常功能,具有对黄曲霉毒素、亚硝基化合物的抗毒作用。

家兔对维生素 E 缺乏的主要症状表现为:肌肉营养性障碍和心肌变性,运动失调,甚至瘫痪;还会造成脂肪肝及肝坏死,繁殖功能受损,母兔不孕、死胎和流产,初生仔兔死亡率增高,公兔精液品质下降。

(4)维生素 K 其生理功能与凝血有关,具有促进和调节肝脏合成凝血酶原的作用,保证血液正常凝固。维生素 K 主要来自于植物(叶绿醌)、微生物或动物(甲基萘醌)。

家兔肠道能合成维生素 K,且合成的数量能满足生长兔的需要,种兔在繁殖时需要量增加。饲料中添加抗生素、磺胺类药物,会抑制肠道微生物合成维生素 K,需要量大大增加。某些饲料如草木樨及某些杂草中含有双香豆素,阻碍维生素 K 的吸收利用,也需要在兔的日粮中加大添加量。日粮中维生素 K 缺乏时,妊娠母兔的胎盘出血、流产。日粮中 2 毫克/千克的维生素 K 可防止上述缺乏症。

2. 水溶性维生素 包括 9 种在生理作用和化学组成相似的 B 族维生素和维生素 C(抗坏血酸)。B 族维生素包括硫胺素(B_1)、核黄素(B_2)、烟酸(烟酰胺、PP、B_3)、胆碱(B_4)、泛酸(B_5)、维生素 B_6(吡哆醇)、维生素 B_{12}、叶酸(B_{11})、生物素,这些维生素常常以酶的辅酶或辅基的形式参与体内蛋白质和碳水化合物的代谢,对神经系统、消化系统、心脏血管的正常功能起重要作用。家兔盲肠微生物可合成大多数 B 族维生素,软粪中含有的 B 族维生素比日粮中高很多倍。只有维生素 B_1、维生素 B_6、维生素 B_{12} 不能满足家兔的需要,需要通过饲料补充。

(1)维生素 C 又称抗坏血酸,在家兔体内主要参与胶原蛋白质合成,而且具有可逆的氧化性和还原性。此外,还可以促进机体对铁离子的吸收和转运,以及刺激吞噬细胞和网状内皮系统的功能。如果家兔体内缺乏维生素 C,不但会引起非特异性的精子凝集,以及叶酸和维生素 B_{12} 的利用不力而导致贫血,而且会导致生长受阻、新陈代谢障碍。一般情况下,肉兔体内能够合成生长需要的维生素 C。对幼兔和高温、运输等逆境中的家兔需注意补充。

(2)B 族维生素

①维生素 B_1 又称硫胺素,是碳水化合物代谢过程中重要的辅酶。缺乏时影响神经系统、心脏、胃肠和肌肉组织的功能,易出现神经炎、食欲减退、痉挛、运动失调、消化不良等。研究认为,肉兔日粮中维生素 B_1 的最低需要量为 1 毫克/千克。

②维生素 B_2 维生素 B_2 又名核黄素,在家兔体内大多以 FDA 和 FMN 的形式存在,并以辅助的形式参与合成多种黄素蛋白酶,与三大营养物质的代谢密切相关。日粮中维生素 B_2 对早期胚胎成活率有着重要影响。肉兔日粮中对维生素 B_2 的需要量为 5 毫克/千克。

③维生素 B_3 又称尼克酸、烟酸,是吡啶的衍生物,主要通过 NAD 和 NADP 参与三大营养物质代谢,尤其在体内脂肪代谢的反

应中起重要作用。家兔体内的烟酸几乎都由肠道微生物合成。当缺乏时,家兔会出现脱毛、皮炎、食欲减退等症状。肉兔日粮中对烟酸的需要量为 50 毫克/千克。

④维生素 B_4 又称胆碱,是细胞结构的组成成分。其在体内的主要生理功能为:神经传导的递质、促进营养物质代谢及提高肝脏对脂肪酸的利用能力,防止脂肪肝。家兔缺乏胆碱时会出现生长受阻、脂肪肝、肌肉营养不良等症状。肉兔日粮中对胆碱的需要量为 1 200 毫克/千克。

⑤维生素 B_5 又称泛酸,是辅酶 A 和酰基载体蛋白(ACP)的组成成分,在组织代谢中起重要作用。缺乏会导致家兔生长受阻、皮肤松弛、神经紊乱、胃肠道疾病、肾上腺功能受损、抵抗力下降等症状。肉兔日粮中对维生素 B_5 的需要量为 20~25 毫克/千克。一般饲粮中不会发生泛酸的缺乏。

⑥维生素 B_6 包括吡哆醇、吡哆醛和吡哆胺 3 种衍生物。在体内以磷酸吡哆醛和磷酸吡哆胺的形式作为许多酶的辅酶,参与蛋白质和氨基酸的代谢。家兔日粮缺乏维生素 B_6 时,会造成生长缓慢、发生皮炎、脱毛、神经受损、运动失调甚至痉挛。家兔的盲肠中能合成维生素 B_6,软粪中含量比硬粪中高 3~4 倍,在酵母、糠麸及植物性蛋白质饲料中含量较高,一般不会缺乏。每千克饲料添加 40 毫克维生素 B_6 可预防缺乏症。

⑦维生素 B_{11} 维生素 B_{11} 又称叶酸,是一碳单位转移的辅酶,在二碳单位中起类似于泛酸的作用,在核酸的生物合成及细胞分裂中起着重要作用,同时还具有保护肝脏并解毒的作用。缺乏时,家兔除生长受阻外,还易发生贫血症及蛋白质代谢障碍,肝功能受损等。叶酸广泛分布于自然界,一般不会缺乏。

⑧维生素 B_{12} 又称钴胺素,是结构复杂、唯一含有金属元素(钴)的维生素。它在体内参与许多物质的代谢,其中最重要的叶酸协同参与核酸和蛋白质的合成,促进红细胞的发育和成熟,同时

还能提高植物性蛋白质的利用率。维生素 B_{12} 在自然界中只能由微生物合成,植物性饲料不含维生素。维生素 B_{12} 缺乏时,家兔生长缓慢,贫血,被毛粗乱,后肢运动失调,对母兔受胎及产后泌乳有影响。据试验报道,成年兔日粮中如果有充足的钴,不需要补充维生素 B_{12},但对生长幼兔需要补充,推荐量为 10 微克/千克饲料。

⑨生物素　生物素又称维生素 H,在家兔体内生物素以辅酶的形式参与碳水化合物、脂肪和蛋白质的代谢,例如丙酮酸的羧化、氨基酸的脱氨基、嘌呤和必需脂肪酸的合成等。生物素是家兔皮肤、被毛、爪、生殖系统和神经系统发育和维持健康必不可少的,缺乏时会发生脱毛症、皮肤起鳞片并渗出褐色液体,舌上起横裂,后肢僵直,爪子溃烂。此外,生物素的不足和缺乏还可造成幼兔生长缓慢、母兔繁殖性能下降、免疫力下降等。

二、肉兔的饲养标准

肉兔营养需要不仅要研究和阐明其所需要的营养素种类、作用和代谢利用率,还要掌握每一种营养素的需要数量。饲养标准指根据大量饲养试验结果和养兔生产实践,科学地对不同种类、品种、性别、生理阶段、生产水平的家兔每日每只所需的能量和各种营养物质的定额作出的规定。

随着科学的进步、品种的改良和生产水平的变化,饲养标准也是在不断修订、充实和完善。因此,在使用时应因地制宜,灵活应用。国内外对肉兔适宜日粮营养水平进行了大量的研究和生产验证(表 5-3 至表 5-8)。

表5-3　肉兔各阶段饲养标准

营养物质	成年兔、妊娠母兔、妊娠初期母兔	妊娠后期母兔、泌乳带仔母兔	生长兔、育肥兔
粗蛋白质(%)	12~16	17~18	17~18
粗脂肪(%)	2~4	2~6	2~6
消化能(兆焦/千克)	11.42	12.30~14.05	14.06
粗纤维(%)	12~14	10~12	10~12
钙(%)	1.0	1.0~1.2	1.0~1.2
磷(%)	0.4	0.4~0.8	0.4~0.8
食盐(%)	0.5	0.65	0.65
镁(%)	0.25	0.25	0.25
钾(%)	1.0	1.50	1.50
锰(毫克/千克)	30	50	50
锌(毫克/千克)	20	30	30
铁(毫克/千克)	100	100	100
铜(毫克/千克)	10	10	10
氨基酸(占日粮%)			
蛋氨酸+胱氨酸(%)	0.5	0.56	0.56
赖氨酸(%)	0.6	0.8	0.8
精氨酸(%)	0.6	0.8	0.8
维生素 A(国际单位/千克)	8000	9000	9000
维生素 D(国际单位/千克)	1000	1000	
维生素 E(国际单位/千克)	20	20	20
维生素 K(毫克/千克)	1.0	1.0	1.0
胆碱(毫克/千克)	1300	1300	1300
维生素 B_{12}(毫克/千克)	10	10	10
维生素 B_6(毫克/千克)	1.0	1.0	1.0

摘自《美国动物营养学》。

表5-4 我国建议的家兔营养供给量

营养指标	生　长	维　持	妊　娠	泌　乳
消化能(兆焦/千克)	10.45	8.78	10.45	10.45
粗蛋白质(%)	16	12	15	17
粗脂肪(%)	2	2	2	2
粗纤维(%)	10~12	14	10~12	10~12
矿物质	—	—	—	—
钙(%)	0.4	—	0.45	0.75
总磷(%)	0.22	—	0.37	0.5
镁(毫克/千克)	300~400	300~400	300~400	300~400
钾(%)	0.6	0.6	0.6	0.6
钠(%)	0.2	0.2	0.2	0.2
氯(%)	0.3	0.3	0.3	0.3
铜(毫克/千克)	3.0	3.0	3.0	3.0
碘(毫克/千克)	0.2	0.2	0.2	0.2
锰(毫克/千克)	8.5	2.5	2.5	2.5
维生素A(国际单位/千克)	8000	—	10000	—
胡萝卜素(毫克/千克)	0.83	—	0.83	—
维生素E(毫克/千克)	40	—	40	40
维生素K(毫克/千克)	—	—	0.2	—
吡哆醇(毫克/千克)	39	—	—	—
胆碱(毫克/千克)	1.2	—	—	—
烟酸(毫克/千克)	180	—	—	—
胱氨酸+蛋氨酸(%)	0.6	—	—	—
赖氨酸(%)	0.65	—	—	—
精氨酸(%)	0.6	—	—	—
苏氨酸(%)	0.6	—	—	—

续表5-4

营养指标	生长	维持	妊娠	泌乳
色氨酸(%)	0.2	—	—	—
组氨酸(%)	0.3	—	—	—
异亮氨酸(%)	0.6	—	—	—
缬氨酸(%)	0.7	—	—	—
亮氨酸(%)	1.1	—	—	—
苯丙氨酸+酪氨酸(%)	1.1	—	—	—

表5-5　自由采食的家兔营养需要量(NRC)

营养指标	生长兔		妊娠母兔	哺乳母兔	成年产毛兔	生长育肥兔
	3~12周龄	12周龄以后				
消化能(兆焦/千克)	12.2	10.45~11.29	10.45	10.87~11.25	10.03~10.87	12.12
粗蛋白质(%)	18	16	15	18	14~16	16~18
粗纤维(%)	8~10	10~14	10~14	10~12	10~14	8~10
粗脂肪%	2~3	2~3	2~3	2~3	2~3	3~5
钙(%)	0.9~1.1	0.5~0.7	0.5~0.7	0.8~1.1	0.5~0.7	1.0
总磷(%)	0.5~0.7	0.5~0.7	0.5~0.7	0.5~0.8	0.3~0.5	0.5
赖氨酸(%)	0.9~1.0	0.7~0.9	0.7~0.9	0.8~1.0	0.5~0.7	1.0
胱氨酸+蛋氨酸(%)	0.7	0.6~0.7	0.6~0.7	0.6~0.7	0.6~0.7	0.4~0.6
精氨酸(%)	0.8~0.9	0.6~0.8	0.6~0.8	0.6~0.8	0.6	0.6
食盐(%)	0.5	0.5	0.5	0.5~0.7	0.5	0.5
铜(毫克/千克)	15	15	10	10	10	20
铁(毫克/千克)	100	50	50	100	50	10
锰(毫克/千克)	15	10	10	10	10	15

续表 5-5

营养指标	生长兔		妊娠 母兔	哺乳 母兔	成年产 毛兔	生长 育肥兔
	3~12 周龄	12周龄 以后				
锌(毫克/千克)	70	40	40	40	40	40
镁(毫克/千克)	300~400	300~400	300~400	300~400	300~400	300~400
碘(毫克/千克)	0.2	0.2	0.2	0.2	0.2	0.2
维生素A(国际单位/千克)	6000~ 10000	6000~ 10000	6000~ 10000	8000~ 10000	6000	8000

摘自 ME Ensminger,中国养兔杂志,1990(4)。

表 5-6　法国 F. Labes 推荐的家兔营养需要量

营养指标	生长兔 (4~12周龄)	哺　乳	妊　娠	维　持	哺乳母兔 和仔兔
粗蛋白质(%)	15	18	18	13	17
消化能(兆焦/千克)	10.45	11.29	10.45	9.20	10.45
粗脂肪%	3	5	3	3	3
粗纤维(%)	14	12	14	15~16	14
非消化纤维(%)	12	10	12	13	12
氨基酸					
胱氨酸+蛋氨酸(%)	0.5	0.6			0.55
赖氨酸(%)	0.6	0.75			0.7
精氨酸(%)	0.9	0.8			0.9
苏氨酸(%)	0.55	0.7			0.6
色氨酸(%)	0.18	0.22			0.2
组氨酸(%)	0.35	0.43			0.4
异亮氨酸(%)	0.6	0.7			0.65

续表 5-6

营养指标	生长兔 (4~12 周龄)	哺　乳	妊　娠	维　持	哺乳母兔 和仔兔
缬氨酸(%)	0.7	0.35			0.8
亮氨酸(%)	1.05	1.25			1.2
钙(%)	0.5	1.1	0.8	0.6	1.1
磷(%)	0.3	0.8	0.5	0.4	0.8
钾(%)	0.8	0.9	0.9		0.9
钠(%)	0.4	0.4	0.4		0.4
氯(%)	0.4	0.4	0.4		0.4
镁(%)	0.03	0.04	0.04		0.04
硫(%)	0.04				0.04
钴(毫克/千克)	1.0	1.0			1.0
铜(毫克/千克)	5.0	5.0			5.0
锌(毫克/千克)	50	70	70		70
锰(毫克/千克)	8.5	2.5	2.5	2.5	8.5
碘(毫克/千克)	0.2	0.2	0.2	0.2	0.2
铁(毫克/千克)	50	50	50	50	50
维生素 A(国际单位/ 千克)	6000	12000	12000	—	6000
胡萝卜素(毫克/千 克)	0.83	0.83	0.83	—	0.83
维生素 D(国际单位/ 千克)	900	900	900	—	900
维生素 E(毫克/千克)	50	50	50	50	50
维生素 K(毫克/千 克)	0	2	2	0	2
维生素 C(毫克/千克)	0	0	0	0	0

续表 5-6

营养指标	生长兔 (4~12 周龄)	哺 乳	妊 娠	维 持	哺乳母兔 和仔兔
硫胺素(毫克/千克)	2	—	0	0	2
核黄素(毫克/千克)	6	—	0	0	4
吡哆醇(毫克/千克)	40	—	0	0	2
维生素 B_{12}(毫克/千克)	0.01	0	0	0	—
叶酸(毫克/千克)	1.0	—	0	0	—
泛酸(毫克/千克)	20	—	0	0	—

摘自 M E Ensminger,中国养兔杂志,1990(4)。

表 5-7　德国 W. Schlolant 推荐的家兔混合料营养标准

营养指标	育肥兔	繁殖兔	产毛兔
消化能(兆焦/千克)	12.14	10.89	9.63~10.89
粗蛋白质(%)	16~18	15~17	15~17
粗脂肪(%)	3~5	2~4	2
粗纤维(%)	9~12	10~14	14~16
赖氨酸%	1.0	1.0	0.5
蛋氨酸+胱氨酸(%)	0.4~0.6	0.7	0.7
精氨酸(%)	0.6	0.6	0.6
钙(%)	1.0	1.0	1.0
磷(%)	0.5	0.5	0.3~0.5
食盐(%)	0.5~0.7	0.5~0.7	0.5
钾(%)	1.0	1.0	0.7
镁(毫克/千克)	300	300	300
铜(毫克/千克)	20~200	10	10

续表 5-7

营养指标	育肥兔	繁殖兔	产毛兔
铁(毫克/千克)	100	50	50
锰(毫克/千克)	30	30	30
锌(毫克/千克)	50	50	50
维生素 A(国际单位/千克)	8000	8000	6000
维生素 D(国际单位/千克)	1000	800	500
维生素 E(毫克/千克)	40	40	20
维生素 K(毫克/千克)	1.0	2.0	1.0
胆碱(毫克/千克)	1500	1500	1500
烟酸(毫克/千克)	50	50	50
吡哆醇(毫克/千克)	400	300	300
生物素(毫克/千克)	—	—	25

表 5-8 肉兔不同生理阶段饲养标准

营养指标	生长肉兔		妊娠母兔	泌乳母兔	空怀母兔	种公兔
	断奶~2月龄	2月龄~出栏				
消化能(兆焦/千克)	10.5	10.5	10.5	10.8	10.5	10.5
粗蛋白质(%)	16.0	16.0	16.5	17.5	16.0	16.0
总赖氨酸(%)	0.85	0.75	0.8	0.85	0.7	0.7
总含硫氨基酸(%)	0.60	0.55	0.60	0.65	0.55	0.55
精氨酸(%)	0.80	0.80	0.80	0.90	0.80	0.80
粗纤维(%)	14.0	14.0	13.5	13.5	14.0	14.0
中性洗涤纤维(%)	30~33	27~30	27~30	27~30	30~33	30~33
酸性洗涤纤维(%)	19~22	16~19	16~19	16~19	19~22	19~22
酸性洗涤木质素(%)	5.5	5.5	5.0	5.0	5.5	5.5

续表 5-8

营养指标	生长肉兔		妊娠母兔	泌乳母兔	空怀母兔	种公兔
	断奶~2月龄	2月龄~出栏				
粗脂肪(%)	1.0	2.0	2.0	2.0	1.5	1.0
钙(%)	0.60	0.60	1.0	1.1	0.60	0.60
磷(%)	0.40	0.40	0.60	0.60	0.40	0.40
钠(%)	0.22	0.22	0.22	0.22	0.22	0.22
氯(%)	0.25	0.25	0.25	0.25	0.25	0.25
钾(%)	0.80	0.80	0.80	0.80	0.80	0.80
镁(%)	0.03	0.03	0.04	0.04	0.04	0.04
铜(毫克/千克)	10	10	20	20	20	20
锌(毫克/千克)	50	50	60	60	60	60
铁(毫克/千克)	50	50	100	100	70	70
锰(毫克/千克)	8.0	8.0	10.0	10.0	10.0	10.0
硒(毫克/千克)	0.05	0.05	0.1	0.1	0.05	0.05
碘(毫克/千克)	1.0	1.0	1.1	1.1	1.0	1.0
钴(毫克/千克)	0.25	0.25	0.25	0.25	0.25	0.25
维生素 A(国际单位/千克)	6000	12000	12000	12000	12000	12000
维生素 E(毫克/千克)	80~160	80	100	100	100	100
维生素 D(国际单位/千克)	900	900	1000	1000	1000	1000
维生素 K_3(毫克/千克)	1	1	2	2	2	2
维生素 B_1(毫克/千克)	1	1	1.2	1.2	1	1
维生素 B_2(毫克/千克)	3	3	5	5	3	3
维生素 B_6(毫克/千克)	1	1	1.5	1.5	1	1

续表 5-8

营养指标	生长肉兔		妊娠母兔	泌乳母兔	空怀母兔	种公兔
	断奶~ 2 月龄	2 月龄~ 出栏				
维生素 B$_{12}$(毫克/千克)	10	10	12	12	10	10
叶酸(毫克/千克)	0.2	0.2	1.5	1.5	0.5	0.5
烟酸(毫克/千克)	30	30	50	50	30	30
泛酸(毫克/千克)	8	8	12	12	8	8
生物素(毫克/千克)	80	80	80	80	80	80
胆碱(毫克/千克)	100	100	200	200	100	100

摘自山东省地方标准,李福昌等起草。

　　饲养标准具有一定的科学性,是家兔生产中配制饲料、组织生产的科学依据。但是,家兔的饲养标准中所规定的需要量是许多试验的平均结果,不完全符合每一个个体的需要。所以,饲养者应注意总结生产效果,根据兔群的具体生产水平及特定的饲养条件,及时调整营养供应量。

三、生态饲料资源的开发与利用

(一)家兔饲料的种类

　　饲料是肉兔满足营养需要,进行生产的物质基础。肉兔是以食草为主的单胃杂食性动物,所能采食的饲料种类很多,在生产实践中,凡是能被兔采食、消化、利用而对身体没有毒害作用和副作用的物质都可作为饲料。我国地域辽阔,资源丰富,饲料种类繁多,如何利用好各种饲料资源,使其发挥最大效能,是提高肉兔生产性能、减少疾病、降低饲料成本、提高肉兔生产性能的关键。根据国际饲料分类的原则,以饲料干物质中的化学成分含量及饲料性质基础,将饲料分成 8 大类:粗饲料、青绿饲料、青贮饲料、能量饲料、蛋白质饲料、矿物质饲料、维生素饲料和饲料添加剂。

(二)各类饲料的特点、资源开发和利用

近年来,随着畜禽业的发展,养殖规模、养殖数量的不断壮大,饲料供应不足,价格高涨的问题日益凸显,成为从业人员最为关注的话题。家兔作为节粮型经济动物越来越受到政府的重视和养殖者的青睐,但由于家兔养殖基础相对薄弱,对其营养需要的研究起步晚,发展慢,饲料供应也处于劣势,无法与猪、鸡、牛、羊等大宗畜禽养殖业争粮,更无法与酿酒、医药等工业用粮抗衡。在常规饲料产量很难有大的增长的情况下,就需要我们拓宽饲料资源渠道,积极开发非常规饲料资源。

1. **粗饲料资源开发**　粗饲料是指水分含量在 5% 以下,干物质中粗纤维含量在 18% 以上的饲料。这类饲料体积大,营养含量相对较低,粗纤维含量高达 25%~50%,不易消化;粗蛋白质含量低且差异大,一般为 3%~19%,除维生素 D 含量丰富外,其他维生素含量低,矿物质中含磷少、钙多。

家兔属于草食动物,发达的盲肠内定植有大量微生物,对粗纤维有一定的消化能力。肉兔全价饲料中,粗饲料一般占 34%~45%,优质牧草比例可达 50%。然而,我国大部分地区没有专门的饲草用地,优质牧草资源不足,价格居高不下,大多饲草来源于农作物副产物,存在品种单一、营养不平衡等问题,所以深入开发安全优质的粗饲料资源意义重大。

(1)**秸秆饲料资源**　秸秆饲料分为禾本科作物秸秆,如玉米秸、小麦秸、大麦秸、燕麦秸、高粱秸等;豆科作物秸秆,如大豆秸、豌豆秸、蚕豆秸等;牧草秸秆,如苜蓿秸、沙打旺秸、草木樨秸等;其他作物秸秆,如马铃薯蔓、甘薯蔓等。

我国是农业大国,据统计,我国每年农作物秸秆的产量达7亿吨左右。作物秸秆未能充分被利用,不但造成资源的浪费还加剧了畜牧业对粮食的依赖性。如果将全部秸秆的60%~65%用作饲料,即可满足我国农区、半农半牧区家畜粗饲料需要量的88%,既能促进农牧结合,又减少了专用饲料或草场的面积,提高了单位面积土地上的食物生产量,解决了人畜争粮的矛盾。

　　据试验,断奶肉兔日粮中添加2%~4%稻草是可行的。用5%~15%大蒜秸秆替代日粮中的花生秧可以显著提高肉兔的平均日采食量、料重比和平均日增重;除去盐的味精废液和玉米秸秆经过微生物发酵后,秸秆饲料的粗蛋白质高达34.42%,粗纤维含量17.46%,代替部分精饲料饲喂肉兔,日增重和料重比没有明显的变化,但成本明显降低;日粮中添加10%~30%杭白菊秸秆,对提高日增重、幼兔成活率和饲料转化率具有明显效果。

　　(2)饲草资源　青干草是青绿饲料在尚未结籽以前割下来,经过日晒或人工干燥除去大量水分后制成。青干草叶多、适口性好、养分较平衡。粗蛋白质含量较高,禾本科干草为7%~13%,豆科干草为10%~21%,品质较完善;胡萝卜素、维生素D、维生素E及矿物质丰富。我国饲草资源丰富,具有悠久的饲草生产历史,在部分山区和农区,饲草面积大,采集潜力也很大。

　　据试验,豆科决明属软草代替精饲料饲喂肉兔,饲料报酬与全精料喂养差异不大,但胴体品质与兔肉品质(氨基酸含量)有明显改善;利用青绿饲草和全价配合饲料饲喂母兔,仔兔断奶成活率和母兔产仔数均有不同程度的提高。羊蹄和蒲公英粗纤维含量较低,无氮浸出物含量高,粗蛋白质含量中等,可以作为当地农民饲养家兔优良饲草的来源。

　　(3)林业饲料资源　林业副产品包括树叶、嫩枝、子实及加工后产生的木屑、刨花等,这些都可以作为饲料利用。树叶的粗蛋白质含量丰富,质量优良,如槐树叶、榆树叶、松树针和桑树叶等粗蛋白质含量占干物质的15%～25%,是资源极其丰富的粗饲料。

我国现有森林面积1.3亿～1.4亿公顷,活立木总蓄积量118.9亿米^3,木本植物约7 000多种,可饲用的约400种。充分开发利用这一饲料资源,既能为畜禽提供营养丰富而廉价的饲料,又可为木本植物整枝疏叶,促进其生长,以及防止森林火灾和病虫害的危害。但由于劳动力成本和采集的困难,除了少数贫困地区,目前多数林地树叶资源还没有得到很好的开发利用。

树叶饲喂肉兔,应晒至半干后再喂,最好不用鲜叶,以防水分过多导致腹泻。也可收集霜刚打下来的落叶,将其阴干保持暗绿或淡绿色饲喂,不要暴晒。果园在全国各地的多年兴建,果树叶资源也很丰富,均是家兔良好的粗饲料。据试验,肉兔日粮中添加15%梧桐树叶粉,饲喂效果较好,超过25%则影响肉兔的正常采食;添加适量紫穗槐叶粉,能在不影响采食的情况下,促进增重;利用杨树叶发酵蛋白代替3.2%精饲料饲喂肉兔同样取得了满意的结果;添加10%～15%油橄榄叶对兔肉的嫩度、色泽、肌肉脂质等有很好的改善作用。

(4)糟渣饲料资源　糟渣是酿造、淀粉及豆腐加工行业的副产品,主要有酒渣、醋渣、玉米淀粉皮渣、豆腐渣、果渣、甜菜渣、甘蔗渣、菌糠和某些药渣等。这类饲料含水率高,通常可达30%～80%,干物质中粗纤维、粗蛋白质、粗脂肪的含量高,而无氮浸出物和维生素含量比较低。可以适当添加至饲料中,但需要注意糟渣中淀粉在烘干时黏结成团,不易干燥,不能长期保存。

①酒糟　除含有丰富的蛋白质和矿物质外,还含有少量乙醇,有改善消化功能、加强血液循环、扩张体表血管、产生温暖感觉等作用,冬季应用抗寒应激作用明显。但容易引起便秘,因此喂量不宜过多。据报道,在肉兔饲粮中添加9%以下的白酒糟,可以保持肉兔良好的生产性能,有效降低饲料成本。肉兔饲料中添加超过9%的白酒糟,会降低肉兔的屠宰率和肉品质。

②啤酒糟　含粗蛋白质 25%、粗脂肪 6%、钙 0.25%、磷0.48%,且富含 B 族维生素和未知生长因子。生长兔、泌乳兔饲粮中啤酒糟可占 15%,空怀兔及妊娠前期可占 30%。

③风干醋糟　含水分 10%、粗蛋白质 9.6%～20.4%、粗纤维15%～28%,并含有丰富的矿物质。少量饲喂,有调节胃肠、预防腹泻的作用。大量饲喂时,最好和碱性饲料配合使用,如添加小苏打等。一般育肥兔在饲粮中添加 20%,空怀兔 15%～25%,妊娠母兔、泌乳母兔应低于 10%。

④菌糠　棉籽皮栽培平菇后的培养料疏松多孔,质地细腻,一般呈黄褐色,具有浓郁的菌香味。在家兔饲料中添加 20%～25%菌糠可代替家兔饲料中部分麦麸和粗饲料,不影响家兔的日增重及饲料转化率。

⑤麦芽根　是啤酒制造过程中的副产品,粗蛋白质 24%～28%,粗脂肪 0.4～1.5%,粗纤维 14%～18%,粗灰分 6%～7%,B 族维生素丰富。另外,还有未知生长因子,在兔日粮中可添加到20%。另据报道,30%马铃薯渣发酵蛋白饲料可以提高兔日增重,降低饲料消耗,和沙棘嫩枝叶的配合使用可以提高兔肉脂肪和蛋白质的含量,改善兔肉品质。

(5)畜禽粪便饲料资源　畜禽粪便中含有大量未消化的蛋白质、B 族维生素、矿物质元素、粗脂肪和一定数量的碳水化合物等营养成分,而肉兔本身具有食粪行为,所以只要畜禽粪便处理得当就可以作为饲料喂兔。

据试验,家兔日粮中加入 10%和 20%的干鸡粪,能够在不影响屠宰率、毛皮品质、肉质等的情况下,提高增重;发酵兔粪可以使獭兔获得较好的生产性能,提高獭兔对饲料营养物质的消化率;5%～25%的肉鸭粪替代日粮中的麦麸饲喂生长期的肉兔,不影响增重和屠宰率;发酵的奶牛粪替代麦麸能够提高生长兔生产性能和饲料消化率、降低腹泻率。

2. 能量饲料 能量饲料是指在饲料干物质中粗纤维含量小于 18%，并且粗蛋白质含量小于 20% 的一类饲料。肉兔生产中常用的能量饲料有谷实类、糠麸类、脱水块根、块茎及其加工副产品，动植物油脂等，主要供给家兔能量。

(1) 谷实类饲料 主要指禾本科类作物所结的籽实，通常包括玉米、黑麦、燕麦、高粱、小麦、荞麦等。这类饲料的优点是适口性好，消化率高，有效能值高；缺点是容易发生霉变，是母兔日粮中最主要的能量来源。

玉米被称为"能量饲料之王"。养分因品种和干燥程度而略有差异，消化率可达 90% 以上，粗蛋白质含量为 7%~9%，品质差，尤其缺乏赖氨酸、蛋氨酸等。粉碎的玉米含水分高于 14% 时易发霉酸败，产生黄曲霉毒素，家兔很敏感。玉米在家兔日粮中不宜超过 35%。

高粱去壳后营养成分与玉米相似，粗蛋白质含量约 8%，品质较差。由于高粱中含有单宁，饲喂时应限量，不宜超过日粮的 15%。

麦麸营养价值因面粉加工精粗不同而异，消化能较低，属低能饲料，粗纤维含量较多为 8%~12%，粗蛋白质含量可达 12%~17%，质量较好，质地膨松，适口性好，具有轻泻性和调节性。但由于麦麸吸水性强，若大量干饲时易造成便秘，饲喂时应注意。

大麦适口性好，消化能略低于玉米，粗蛋白质含量约为 12%，营养价值较高。可占日粮的 10%~30%。

稻谷营养价值不如玉米，饲喂时应适当控制用量，约占日粮的 10%~20%。据实验，早稻谷完全代替玉米配制的饲粮在生长兔上应用是完全可行的。

(2) 糠麸类饲料 糠麸类饲料是指谷实类饲料加工过程中形成的副产品，由谷物的种皮、外胚乳、糊粉层、颖稃纤维渣等构成，其营养成分会受到原粮种类和品种、谷物的加工方法、剥离程度等的影响。主要包括小麦麸、米糠、玉米糠、谷糠、高粱糠等。这类饲料共同的特点是：有效能值低，粗蛋白质含量高于谷实类饲料；含钙少而磷多，磷多为植酸磷，利用率低；含有丰富的 B 族维生素，维生素 E 含量较少；物理结构松散，含有适量的纤维素，有轻泻作用，是家兔的常用饲料；易发霉变质，不易贮存。

据试验，麦麸吸水性强，大量干饲易引起便秘，一般用量为10%～20%；统糠是稻壳和米糠的混合物，品质较差，不适宜喂断奶兔，生长兔和育肥兔用量应控制在 15% 左右；高粱糠中含有多种蛋白质、氨基酸、维生素和微量元素等有益性物质，包括多种非皂化脂类和抗氧化剂、食物纤维，营养价值较高。

(3) 块根、块茎及瓜果类饲料　块根、块茎类饲料种类很多，主要包括薯类、甜菜渣、胡萝卜、糖蜜等。薯类多汁味甜，适口性好，生、熟均可饲喂。贮存在 13℃ 条件下较安全。发芽、腐烂或出现黑斑后禁止饲喂。马铃薯与蛋白质饲料、谷实饲料搭配效果较好。马铃薯贮存不当发芽时，在其青绿皮上、芽眼及芽中含有龙葵素，家兔采食过多会引起胃肠炎，甚至中毒死亡；胡萝卜水分含量高，容积大，含丰富的胡萝卜素，一般多作为冬季调剂饲料，而不作为能量饲料使用；甜菜渣富含维生素和微量元素，干燥后可用于家兔饲料，其中粗蛋白质含量较低，但消化能含量高。粗纤维含量高（约 20%），但纤维性成分容易消化，消化率可达 70%。由于水分含量高，要设法干燥，防止变质。国外资料显示，家兔日粮中一般可用到 16%～30%。

据试验，用箭叶黄体芋 100% 取代玉米，对采食量、增重和饲料转化率无影响；饲料中 30% 的发酵马铃薯渣，对兔肉品质和兔的免疫功能无影响，日增重提高 51.05%，料重比降低 21.25%；肉仔兔日粮中甜菜渣可以替代大麦，同时保持较高的平均日增重和饲料转化率，最佳替代比例为 10%～20%；香蕉皮和山药皮可以替代 50% 玉米；干甜橙可以替代 20% 玉米。

3. 蛋白质饲料　蛋白质饲料是指干物质中粗纤维含量在

18%以下、粗蛋白质含量为20%及以上的饲料。这类饲料的共同特点是粗蛋白质含量高,粗纤维含量低,可消化养分含量高,容重大,是家兔配合饲料的精饲料部分。主要包括植物性蛋白质饲料、动物性蛋白质饲料、单细胞蛋白质饲料及其他。

(1)植物性蛋白质饲料 肉兔生产中的蛋白饲料主要有豆类籽实、饼粕类及其他一些蛋白含量高的农副产品下脚料。豆类籽实,如大豆、花生、豌豆、蚕豆等豆类中粗蛋白质含量丰富,但由于其含抗营养因子,一般不直接用作饲料,需经过蒸煮、压榨等脱毒处理后饲喂。实际生产中常用的是豆类籽实及饲料作物籽实制油后的副产品饼粕类,如大豆饼粕、花生饼粕、棉籽(仁)饼粕、菜籽饼粕、胡麻饼粕、向日葵饼、芝麻饼等。

①大豆饼粕 是我国目前最常用的蛋白质饲料,粗蛋白质含量42%~47%,蛋白质品质较好,尤其是赖氨酸含量达2.5%~2.8%,在饼粕类饲料中是最高者。赖氨酸与精氨酸比例适当,异亮氨酸、色氨酸、苏氨酸的含量均较高,可与玉米搭配互补。蛋氨酸含量不足,矿物质中钙少磷多,且多为植酸磷,富含铁、锌,维生素A、维生素D含量低。在使用大豆饼粕时,要注意检测其生熟程度。大豆饼有轻泻作用,不宜饲喂过多,日粮中可占15%~20%。

②芝麻饼 含粗蛋白质40%左右,蛋氨酸含量0.8%以上,赖氨酸含量不足,精氨酸含量过高。不含对家兔有害的物质,是比较安全的饼粕类饲料。需要注意的是,生产香油后的芝麻酱渣往往含土、含杂(如木屑)高,干燥不及时容易霉变。

③棉籽(仁)饼粕 因加工方法的不同,粗蛋白质含量22%~44%不等,品质不太理想,精氨酸高达3.6%~3.8%,而赖氨酸仅为1.3%~1.5%,且利用率较差,蛋氨酸也不足,约为0.4%,矿物质中硒含量低。因此,在日粮中使用棉籽饼粕时,要注意添加赖氨酸及蛋氨酸,最好与菜籽饼粕搭配使用。由于棉籽仁中含有大量色素、腺体及对肉兔有害的棉酚,故添加量不宜超过5%,妊娠母

兔慎用。

④菜籽饼粕　含粗蛋白质 34%~38%,蛋氨酸、赖氨酸含量较高,精氨酸含量低,矿物质中钙和磷的含量均高,硒含量为 1.0 毫克/千克,是常用植物性饲料中最高者,适口性较差。由于存在有害物质芥子苷,因此要限制饲喂量。

⑤花生饼粕　粗蛋白质含量为 44%~49%,有甜香味,适口性好,氨基酸组成不佳,赖氨酸、蛋氨酸含量也较低,而精氨酸含量高达 5.2%,是所有动、植物饲料中最高的。花生饼粕中含残油较多,在贮存过程中要特别注意防止黄曲霉毒素的产生,一旦发现发霉应立即停止使用。

⑥葵花籽(仁)饼粕　粗蛋白质含量 28%~32%,蛋氨酸含量高,赖氨酸不足。葵花籽饼粕中含有毒素(绿原酸),但饲喂家兔未发现中毒现象。

⑦胡麻饼粕　代谢能值偏低,含粗蛋白质 30%~36%,赖氨酸及蛋氨酸含量低,精氨酸含量高为 3%,粗纤维含量高,适口性差。其中含有亚麻苷配糖体及亚麻酶,饲喂过量容易引起中毒,使生长受阻,生产力下降。

⑧玉米加工副产品　玉米提取油脂和淀粉的加工过程中会产生 4 种副产品,即玉米浆、胚芽粕、玉米麸质饲料和蛋白粉。玉米浆中溶解 6%左右的玉米成分,大部分是可溶性蛋白质,还有可溶性糖、乳酸、植酸、微量元素、维生素和灰分;玉米胚芽粕含 20%的粗蛋白质,还有脂肪、各种维生素、多种氨基酸和微量元素。适口性好,容易被动物吸收;玉米麸质饲料含粗蛋白质 20%;玉米蛋白粉蛋白质的含量差异很大,在 25%~60%。蛋白质的利用率较高,氨基酸的组成特点是蛋氨酸含量高而赖氨酸不足。玉米蛋白粉在家兔日粮中可添加 2%~5%。

(2)动物性蛋白质饲料　动物性蛋白质饲料是用动物产品加工过程中的副产品,主要包括鱼粉、肉骨粉、血粉等。含蛋白质较多,品质优良,生物学价值较高,含有丰富的赖氨酸、蛋氨酸及色氨酸,含钙、磷丰富且全部为有效磷,含有植物性饲料缺乏的维生素B_{12}。由于其特有的腥味,一般只在母兔的泌乳期及生长兔日粮中少量(小于5%)添加。

①鱼粉 是优质的动物性蛋白质饲料,蛋白质含量为55%~75%,含有全部必需氨基酸,赖氨酸、蛋氨酸含量较高而精氨酸含量偏低,生物学价值高。含有对家兔有利的"生长因子",能促进养分的利用。肉兔对鱼粉特有的鱼腥味比较敏感,添加量不宜超过3%。购买鱼粉时,要检测把关,防止伪劣掺假。

②肉粉及肉骨粉 将不适于食品加工的动物产品及屠宰废弃物,经高温、高压灭菌、脱脂干燥而成。产品的营养价值取决于原料的质量。肉粉粗蛋白质含量为50%~60%。含骨大于10%的称为肉骨粉,粗蛋白质含量为35%~40%。这类饲料赖氨酸含量较高,蛋氨酸含量及色氨酸含量较低,含有较多的B族维生素,维生素A、维生素D含量较少,钙、磷含量较高,磷为有效磷。肉骨粉在选用中需注意原料来源,谨防原料中混有传染病病原。目前,许多国家已经全面禁止在动物饲料中使用动物加工副产品制成的肉骨粉。

③血粉 以动物的血液为原料,经脱水干燥而成。粗蛋白质含量高达80%~85%,赖氨酸含量高达7%~9%,富含铁,但适口性差,消化率低,异亮氨酸缺乏,在日粮中配比不宜过高。

(3)单细胞蛋白质饲料 也叫微生物蛋白、菌体蛋白,是单细胞或具有简单构造的多细胞生物的菌丝蛋白的统称。主要包括酵母、细菌、真菌及藻类。

酵母菌应用最为广泛,其粗蛋白质含量40%~50%,生物学价值介于动物性和植物性蛋白质饲料之间,氨基酸组成全面,赖氨酸、异亮氨酸及苏氨酸含量较高,蛋氨酸、精氨酸及胱氨酸含量较低。含有丰富的B族维生素。常用的酵母菌有啤酒酵母和假丝酵母。

藻类是一类分布最广、蛋白质含量很高的微量光合水生生物。目前,开发研究较多的是螺旋藻,其繁殖快、产量高,粗蛋白质含量高达 58.5%～71%,且质量优、核酸含量低,只占干重的 2.2%～3.5%,极易被消化和吸收。

4. **矿物质饲料**　矿物质饲料一般指为家兔提供钙、磷、镁、钠、氯等常量元素的一类饲料。常用的有食盐、石粉、贝壳粉、骨粉、磷酸氢钙等。

①食盐　主要成分是氯化钠,用其补充植物性饲料中钠和氯的不足,还可以提高饲料的适口性,增加食欲。喂量一般占风干日粮的 0.5%左右。饲喂食盐的注意事项:喂量不可过多,否则会引起中毒;当使用肉粉及动物性饲料时,食盐的喂量可少些;饲用食盐粒度应通过 30 目标准筛,含水量不超过 0.5%,纯度应在 95%以上。

②石粉、贝壳粉　是廉价的钙源,含钙量分别为 38%和 33%左右。

③骨粉　是常用的磷源饲料,含磷量一般为 10%～16%,利用率较高,同时还含钙 30%左右。在使用时要注意新鲜性及氟的含量。

④磷酸氢钙　含磷量在 18%以上,含钙量不低于 23%,是常用的无机磷源饲料。

5. **饲料添加剂**　饲料添加剂是指在配合饲料中加入的各种微量成分,具有完善饲料营养性、提高饲料利用率、促进家兔生长和预防疾病、减少饲料在贮存期间的营养损失和改善产品品质的作用。通常情况下,家兔配合饲料能满足家兔对能量、粗蛋白质、粗纤维和粗脂肪等的需要。但微量元素和维生素则需要额外添加。按照《饲料和饲料添加剂管理条例》,饲料添加剂分为营养性饲料添加剂、一般性饲料添加剂和药物性饲料添加剂,根据使用效果又可分为营养性饲料添加剂和非营养性饲料添加剂。

(1)营养性添加剂　营养性添加剂的作用是弥补家兔配合饲料中养分的不足,提高配合饲料营养上的全价性。主要包括氨基酸添加剂、微量元素添加剂和维生素添加剂。

①氨基酸添加剂　一般在家兔的全价配合饲料中添加0.1%~0.2%的蛋氨酸、0.1%~0.25%的赖氨酸,可提高家兔的日增重及饲料转化率。

②微量元素添加剂　主要是补充饲粮中微量元素的不足,必须根据饲粮中缺什么补什么,缺多少补多少,避免盲目使用。

③维生素添加剂　在舍饲和采用配合饲料饲喂家兔时,尤其是冬春枯草期,青绿饲料缺乏时需要补充维生素制剂。

(2)非营养性添加剂　为保证或者改善饲料品质、提高饲料利用率而掺入饲料中的少量或微量物质。包括生长促进剂、驱虫保健剂、中草药添加剂、抗氧化剂、防霉剂、饲料调质剂等。

①生长促进剂　指能够刺激动物生长或提高动物的生产性能,改善饲料转化效率,并能防治疾病和增进动物健康的一类非营养性添加剂。包括酶制剂、益生素、寡糖、酸化剂、抗生素及合成抗菌剂(磺胺类、呋喃类和喹噁啉类)等。

②驱虫保健剂　是兽用驱虫剂在健康家兔的饲料中按预防剂量添加。其作用是预防体内寄生虫,减少养分消耗,保障家兔健康,提高生产性能。注意:许多驱虫药物具有毒性,只能短期治疗,不能长期作为添加剂使用。

③中草药添加剂　近年来,国内研究开发的中草药添加剂种类很多,如黄芪粉、兔催情添加剂、兔增重添加剂等在家兔生产中正在发挥着越来越大的作用。

④抗氧化剂　是一类添加于饲料中能够阻止或延迟饲料中某些营养物质氧化、提高饲料稳定性和延长饲料贮存期的微量物质。目前使用最多的是:乙氧喹(山道喹)、二丁基羟基甲苯(BHT)、丁

羟基苯甲醚(BHA)、维生素 E 等。

⑤防霉剂　是一类具有抑制微生物增殖或杀死微生物、防止饲料霉变的化合物。目前使用最多的是丙酸、丙酸钙、丙酸钠等丙酸类防霉剂。

⑥饲料调质剂　能改善饲料的色、味,提高饲料或畜产品感观质量的添加剂。如着色剂、风味剂(调味剂、诱食剂)、黏合剂、流散剂等。

四、肉兔的饲料配合技术

肉兔在进行生命活动中所需要的营养元素是多方面的,任何单一饲料原料所含养分种类及其比例均不能满足其需要。只有将多种饲料配合在一起,使之相互取长补短,才能配制出符合肉兔营养需要的全价饲料。大多中小规模的养殖者选择从饲料厂购进全价颗粒饲料,然而,饲料厂的配方是基于平均需要状况下的配方,并非最佳配方。有条件的兔场要尽量针对自己的实际生产情况设计最佳配方,所以掌握饲料配合技术非常重要。

(一)饲料配合原则

饲料配合要有科学性,要以肉兔的饲养标准和各种饲料原料营养含量为依据,按照肉兔消化生理特点、饲料特性及功能,将多种饲料原料合理搭配,组成一种既能满足肉兔营养需要、成本又最经济合理的全价饲料。

1. **满足家兔的营养需要**　配合饲料首先应根据肉兔品种、年龄、生理阶段,选择适当的饲养标准。这是提高配合饲料饲用价值的前提,是配合饲料满足营养需要、促进生长发育、提高生产性能的基础。所用饲料原料的营养成分及价值要与所选用的饲料相符。因为地理环境、气候条件不同和产地不同的饲料其营养成分含量是有差异的,所以在配合饲料时,应尽量参考与所用原料产地相符的饲料营养价值表或实际测定。

2. **经济性和市场性原则**　因地制宜,充分利用当地饲料资源,以降低成本。选择本地产、数量大、来源广、营养丰富、质优价廉的饲料原料,以减少运输费用,降低饲料成本。

3. **饲料原料品种多样化**　不同饲料原料的营养价值差异很大,单一饲料不能保证日粮营养平衡。饲料的多样化可以起到营养互补作用,提高配合饲料的营养价值。配合饲料所用原料品种不应少于 3~5 种。

4. **饲料的适口性**　选择适口性好、消化率高的饲料原料。兔比较喜欢带甜味的饲料,喜食的次序是:青绿饲料、根茎类饲料、潮湿的碎屑状软饲料、颗粒料、粗饲料、粉末状混合料。喜食的谷物类次序是:燕麦、大麦、小麦、玉米。

5. **符合肉兔的消化生理特点**　肉兔是草食动物,精、粗饲料比例要适当,粗纤维含量为 12%~15%。应注意青饲料的搭配,一般为体重的 10%~30%。同时,饲料的体积应与肉兔消化道容积相适应。肉兔采食量是有限的,大容积的配合饲料不利于肉兔的采食和消化吸收。例如,哺乳母兔,每天采食 3 千克鲜草和 800 克干草才能产 200 克兔奶;体重 1 千克的幼兔进行育肥,日增重 35克,需要采食 700~800 克青草。无论成年母兔或幼兔,它们的消化器官都是容不下这么多饲料的。

6. **考虑饲料的品质和特性**　除考虑饲料原料营养价值外,还应考虑有毒有害物质含量、适口性和加工特点等,根据这些特性,采取适当的加工处理方法,以避免对肉兔的采食及消化代谢产生影响。

(二)饲料配方的计算方法

饲料配方的设计方法常用的有计算机法和手算法两种。计算机法又包括配方软件法和 Excel 表格计算法,具有计算准确、效率高的特点;手算法便于理解掌握,但计算相对繁琐。下面就将两种方法分别介绍。

1. 计算机法

(1) 配方软件法　目前,著名的饲料配方设计软件有国外的 Format、Brill、Mixit 和国产的 Refs、CMIX 等。利用配方软件设计饲料配方能全面考虑营养、成本和效益,控制饲料适口性,还可提供大量的参考信息,并且具有计算迅速、数据准确的特点,可以在瞬息万变的市场环境里帮助配方师及时调整、修改配方。因其需要计算机设备和软件系统及专业知识,一般普通养殖户较难掌握,且计算出的数据需要在实际生产中不断调整。

原理:根据家兔对各种营养物质的需要量、所选饲料品种及其营养成分、饲料市场价格变动情况等条件,将以上数据、信息输入计算机,并提出约束条件(如饲料配比、营养指标等),按照软件说明操作,软件会利用线性规划、目标规划和模糊规划等数学方法,计算出符合一定限制条件(肉兔所需营养成分及部分原料的用量上下限)的最低成本配方。手工微调后,配方组成及其中各营养素含量直接显示出来。

操作步骤:利用配方软件设计饲料配方,先选择合适的配方软件,按照说明安装到计算机上,并建立本场的特定代码。

第一步,选择标准、修改标准。先进入配方维护界面,选择要建立的模型,设置动物种类、配方描述、批次生产量等项目。然后按照提示选择适宜的饲养标准和营养指标,也可根据实际情况对饲养标准进行调整或给配方的营养指标做限制。

第二步,选择参配原料、修改原料。首先按照程序模块提示,从原料选框里选择适宜本场的原料,建立原料库。软件中原料营养数据可根据自己原料的实际营养价值相应调整,也可以根据需要添加相应的营养指标。然后选择原料价格编辑,添加原料价格。

最后设定配方的限定条件,如部分原料的上下限、成本控制等。

第三步,计算出配方并调整。按照软件说明书的提示计算出饲料配方。需要注意的是,计算机只是进行数学线性分析的工具,输出饲料配方的准确性取决于输入信息的准确性和软件的可靠性,所以务必保证原料营养价值、饲养标准等数据的准确,也需要专业判断。

(2)EXCEL 表格计算方法　由于专业配方软件价格不菲,专业性强,多被大中型饲料企业使用,中小型饲料厂及一些规模养殖场可以利用 EXCEL 表格设计饲料配方。Microsoft Excel 中的线性规划是应用数学的方法来解决资源合理调配的问题,它是通过满足一定的约束条件来求解线性目标函数的最大值或最小值,使预定的目标达到最优。"规划求解"能对直接或间接与目标单元格中公式相关联的一组单元格中的数值进行调整,求得工作表上某个单元格中公式的最优值,最终在目标单元格公式中求得期望的结果。Microsoft Excel 计算方法是用线性规划方法根据饲料原料特点、价格、营养成分,以及饲喂对象对各种营养物质的需要量,计算出配方中各种饲料原料的用量。

利用 Microsoft Excel 设计饲料配方主要包括 5 个过程,即前期准备、函数的输入、约束条件的确定与输入、规划求解过程、调整与优化过程。

前期准备。前期准备是 Excel 法设计饲料配方的关键过程,只有依靠准确、可信的数据才能利用 Excel 的"规划求解"功能,设计出理想的、有较高经济价值的饲料配方。首先要确保计算机安装有 Excel 以及"规划求解"宏;其次要有准确的饲养标准、饲料营养价值表及确定饲料原料价格。

函数的输入。配方设计中我们主要用到 SUMPRODUCT( )函数和 SUM( )函数,SUMPRODUCT( )函数是用来求解相应数据或区域乘积的和,而 SUM( )函数是用来计算单元格区域中所有数值的和。

约束条件的确定与输入。在实际生产中,必须根据当地实际情况和经济条件以及饲料特性决定饲料的使用量,在饲料配方软件中我们就要设置一些约束条件加以控制。例如,饲料适口性差、消化性不佳或有毒性的原料必须限量使用;限制大体积原料的用量;组成饲料配方的原料种类不宜超过 15 种;饲料配方的总质量一般是按 1 千克设计等。

规划求解。在完成以上工作后,即可通过规划求解计算最低成本饲料配方。

调整与优化。Excel 运算的结果是根据输入的参数求得的最低成本的配方,而不能称为最佳配方。有时是以降低饲料的适口性来换取最低成本,这种情况下需要调整营养特性相似的原料比例,提高其饲料性价比。有时所得到的配方某一种原料用量为零,而又不想让它为零时,可以尝试减少初步优化结果中用量多而且与该原料同类的其他原料的用量,从而使该原料用量大于零。鉴于这些原因,在利用计算机配制完配方后,我们应利用试差法调整和优化饲料配方。

利用 Excel“规划求解”工具设计饲料配方,减轻了计算工作量,显著提高了设计饲料配方的效率,提高了配方设计的准确性。而且,此法方便及时调整饲料配方,比如调整饲养标准、原料营养成分及价格。与专业饲料配方软件相比 Excel 设计法简单明了,易于上手,成本低廉。

(3)手算法 包括方形法、代数法和试差法等,其中试差法在生产中普遍采用。该方法简单易懂,易于掌握,但计算较为烦琐,需反复调整。首先依据饲养对象,选择适宜的饲养标准;然后依据价格、质量、来源情况选择饲料原料;再根据经验,先拟定出一个大概比例,然后计算营养含量,再与标准对照调整饲料比例,经过反复调整,多次计算,直到所有营养指标都能满足营养需要为止。在调配中,营养指标的调平顺序是:能量、粗蛋白质、钙、磷、食盐、氨基酸和微量元素。现根据兰州畜牧研究所 1989 年制定的肉兔饲养标准和肉兔饲料营养价值表为标准,为生长肉兔配制全价饲料。

第一步,根据饲养对象确定饲养标准。生长肉兔每千克饲料中应含有消化能 10.45 兆焦,粗蛋白质 16%,粗纤维 14%,钙 0.5%,磷 0.3%,赖氨酸 0.6%,蛋氨酸+胱氨酸 0.6%。

第二步,选择饲料原料并计算营养成分含量。选择的原料有苜蓿草粉、麦麸、玉米、大麦、豆饼、鱼粉、食盐、蛋氨酸、赖氨酸。营养成分依据饲料营养价值表或实测值计算获得(表 5-9)。

表 5-9　饲料营养成分

饲 料 原 料	粗蛋白质 (%)	消化能 (兆焦/千克)	粗纤维 (%)	钙 (%)	磷 (%)	赖氨酸 (%)	胱氨酸+蛋氨酸 (%)
苜蓿草粉	11.49	5.81	30.49	1.65	0.17	0.06	6.41
麦　麸	15.62	12.15	9.24	0.14	0.96	0.56	0.28
玉　米	8.95	16.05	3.21	0.03	0.39	0.22	0.20
大　麦	10.19	14.05	4.31	0.10	0.46	0.33	0.25
豆　饼	42.30	13.52	3.64	0.28	0.57	2.07	1.09
鱼　粉	58.54	15.75	0.00	3.19	2.90	4.01	1.66
磷酸氢钙				23.30	18.00		
石　粉				36.00			

第三步,日粮初配。根据经验初步确定各种原料的大致比例,计算能量和粗蛋白质水平,与饲养标准比较。初配配方合计一般为 98%~99%,以便留出添加食盐和其他添加剂的量(表 5-10)。

表 5-10　　初配日粮的营养水平与营养标准比较

饲料原料	配比(%)	消化能(兆焦/千克)	粗蛋白质(%)
苜蓿草粉	40	2.32	4.60
麦　麸	11	1.34	1.72
玉　米	24	3.85	2.15
大　麦	13.5	1.90	1.38
豆　饼	8	1.08	3.38
鱼　粉	1.5	0.24	0.88
合　计	98	10.73	14.11
与标准比较		+0.27	-1.89

第四步配方调整。调整消化能和粗蛋白质,与饲养标准比较,能量稍高于标准,而粗蛋白质含量低于标准1.89%,可用能量稍低而蛋白质较高的豆饼替代部分玉米(豆饼蛋白质含量为42.30%,玉米蛋白质含量为8.95%),每代替1%,粗蛋白质净增0.33%,因此,减少6%的玉米,增加6%的豆饼即可。调整后配方见表5-11。

表 5-11　　调整后配方营养成分含量

饲料原料	配比(%)	消化能(兆焦/千克)	粗蛋白质(%)	粗纤维(%)	钙(%)	磷(%)	赖氨酸(%)	胱氨酸+蛋氨酸(%)
苜蓿草粉	40	2.32	4.6	12.20	0.66	0.07	0.024	0.256
麦　麸	11	1.34	1.72	0.10	0.015	0.011	0.062	0.031
玉　米	18	2.89	1.61	0.58	0.005	0.070	0.040	0.036
大　麦	13.5	1.91	1.38	0.58	0.014	0.062	0.045	0.034
豆　饼	14	1.89	5.92	0.51	0.039	0.080	0.290	0.153

续表 5-11

饲料原料	配比（%）	消化能（兆焦/千克）	粗蛋白质（%）	粗纤维（%）	钙（%）	磷（%）	赖氨酸（%）	胱氨酸+蛋氨酸（%）
鱼　粉	1.5	0.24	0.88	0	0.06	0.04	0.06	0.025
合　计	98	10.59	16.11	13.97	0.793	0.33	0.52	0.535
与标准比较	-2	+0.13	+0.11	-0.03	-0.21	-0.17	-0.08	-0.065

　　从表 5-11 看,消化能和粗蛋白质含量与饲养标准比较,分别高 0.13 和 0.11,基本符合要求。粗纤维含量与标准相差 0.03,也在差异允许范围之内。

　　第五步,调整钙、磷、食盐、氨基酸含量。如果钙、磷不足,可用常量矿物质添加,如石粉、骨粉、磷酸氢钙等。食盐不足部分用食盐补充。经过调整,赖氨酸、蛋氨酸含量不足,可用人工合成的 L-赖氨酸和 DL-蛋氨酸进行补充。微量元素和维生素添加可用肉兔专用的饲料添加剂"兔乐"或市售微量元素和多种维生素添加剂。根据上述配方计算,钙较标准低 0.21%,磷低 0.17%。用磷酸氢钙来补充,其磷含量 18%,磷酸氢钙用量为 0.94%(0.17÷18.0%),补充钙 0.94×23.3% = 0.21%,满足需要。赖氨酸差 0.08%,蛋氨酸+胱氨酸差 0.065%,分别用 L-赖氨酸和 DL-蛋氨酸添加剂补充。L-赖氨酸添加剂用量为 0.08%÷78.0% ~ 0.10%,所以 L-赖氨酸添加剂的用量为 0.02%,同理 DL-蛋氨酸添加剂的用量为 0.06%。微量元素和维生素也可用兔专用饲料添加剂补充(表 5-12)。

表 5-12　调整后的日粮配方

饲　料	配比(%)	项　目	营养水平
苜蓿草粉	40	消化能(兆焦/千克)	10.59
麦　麸	11	粗蛋白质(%)	16.11
玉　米	18	粗纤维(%)	13.97
大　麦	13.5	钙(%)	1.0
豆　饼	14	磷(%)	0.502
鱼　粉	1.5	赖氨酸(%)	0.612
磷酸氢钙	0.94	蛋氨酸+胱氨酸(%)	0.608
食　盐	0.3		
DL-蛋氨酸	0.02		
L-赖氨酸	0.10		
合　计	99.36		

　　第六步,列出配方及主要营养指标。配比合计不是 100%,还差 0.64%,一般总配比差值在 1%以内,可直接调整玉米能量饲料的比例,配方营养水平基本不会发生改变。最后生成如表 5-13 的配方。

表 5-13　饲粮配方和营养成分表

饲　料	配比(%)	项　目	营养水平
苜蓿草粉	40	消化能(兆焦/千克)	10.59
麦　麸	11	粗蛋白质(%)	16.11
玉　米	18.64	粗纤维(%)	13.97
大　麦	13.5	钙(%)	1.0
豆　饼	14	磷(%)	0.502
鱼　粉	1.5	赖氨酸(%)	0.612
磷酸氢钙	0.94	蛋氨酸+胱氨酸(%)	0.608
食　盐	0.3		
DL-蛋氨酸	0.02		
L-赖氨酸	0.10		
合　计	100.00		

五、 肉兔的饲料加工技术

对饲料进行加工调制可以改变饲料的体积、性质和化学组成，不仅会消除饲料原料中有毒有害因素，明显改善适口性，易于采食和咀嚼，提高消化吸收率，便于贮存、运输。而且，可以使许多原来不能利用的农副产品和野生植物成为新的饲料原料，为肉兔养殖丰富饲料资源。

(一)能量饲料的加工调制

能量饲料的营养价值及消化率一般都很高，但是常常因为籽实类饲料的种皮、硬壳、内部淀粉颗粒的结构及某些饲料中含有不良物质而影响营养成分的消化吸收和利用。所以，为提高动物对能量饲料的消化利用率，这类饲料饲喂前应经过一定的加工处理，以便充分发挥其营养价值。

1. **粉碎** 这是最简单、最常用的一种加工方法。籽实经粉碎后，获得适宜大小的颗粒，不但使原料更易混匀，而且便于家兔咀嚼，增加饲料与消化液的接触面积，使消化作用更完全，从而提高饲料的消化率和利用率。

2. **浸泡** 将饲料置于池中或缸中，按 1∶1~1.5 的比例加水。饲料浸泡后膨胀变柔软，容易咀嚼，而且浸泡后的某些饲料的毒性和异味减轻，从而提高适口性。掌握浸泡的适宜时间，时间过长，营养成分被水溶解造成损失，适口性也降低，甚至变质；时间过短，达不到软化作用。

3. **蒸煮** 加水、加热使谷物膨胀、增大、软化，成为适口性很好的饲料。马铃薯、豆类等饲料中含有不良物质，不能生喂，必须蒸煮，既可解除毒性，又可增强适口性，提高消化率。但禾本科籽实蒸煮后消化率反而会降低。蒸煮时间一般不超过 20 分钟，否则可引起蛋白质变性和某些维生素被破坏。

4. 发芽 谷类籽实发芽后,可使一部分蛋白质分解成氨基酸,同时糖分、胡萝卜素、维生素 E、维生素 C 及 B 族维生素的含量也大大增加。这种方法主要是用在冬季缺乏青饲料时使用。

(二)蛋白饲料的加工调制

蛋白质饲料分为植物性蛋白质饲料和动物性蛋白质饲料,配制肉兔饲料,一般以植物性蛋白质饲料为主。植物性蛋白质饲料一般含有较多的抗营养因子,如果直接饲喂会造成肉兔腹泻和生长抑制,饲喂价值较低,因此生产中需适当加工和调制。

目前,评定大豆饼粕质量的指标主要有抗胰蛋白酶活性、脲酶活性、水溶性氮指数等,通过焙炒和挤压可以使大豆中不耐热的抗营养因子如胰蛋白酶抑制因子、血细胞凝集素等变性失活,从而提高蛋白质的利用率,提高大豆的饲喂价值。

棉籽饼粕中的抗营养因子有棉酚、环丙烯脂肪酸、单宁和植酸。棉酚对肉兔有害,食用后胃膜组织易受到破坏而引起消化功能紊乱,血液运氧能力下降,呼吸急促,肺部水肿及引起不孕症等,使得棉籽粕的利用受到极大限制。国内外棉籽去毒的方法主要有高碱湿热处理法、旋液分离法、化学添加剂法(如添加亚铁盐)、溶剂提取法和生物发酵法。

菜籽饼粕含有硫葡萄糖苷、芥子碱、植酸、单宁等多种抗营养因子,且易引起甲状腺肿大。菜籽饼粕的脱毒方法与棉籽饼粕基本类似,可通过加热、水浸泡、醇浸提、氨碱处理、硫酸亚铁、生物发酵等工艺进行脱毒。

(三)粗饲料的加工调制

粗饲料质地坚硬,含粗纤维多,其中木质素比例大,适口性差,利用率低,但通过加工调制可使其消化吸收率得到改善。

1. **物理方法** 利用机械、水、热力等物理作用,改变粗饲料的物理性状,提高饲料利用率的方法。常用的加工方法有以下几种。

(1)切短 是调制粗饲料最简单而又最重要的方法。切短后可节省肉兔咀嚼的能量消耗,减少饲料浪费,有利于与其他饲料配合使用,增加采食量。一般肉兔饲料应切成 1~2 厘米。

(2)浸泡 先将切短的饲料分批放在盛有 5% 食盐的温水中浸泡 24 小时,软化,提高秸秆的适口性,便于采食。

(3)热喷 将秸秆、秕壳等粗饲料置于饲料热喷机中,用高温、高压蒸汽处理 1~5 分钟,瞬间放出,使其在常压下膨化。热喷处理后的粗饲料结构疏松,适口性好,肉兔的采食量和消化率均能明显提高。

(4)秸秆碾青 将青饲料铺在已经切短的秸秆等粗饲料上,然后用石磙碾压。青草流出的汁液被粗饲料吸收,既加速了青草干燥,而且干燥速度均匀,叶片脱落损失少,又提高了秸秆的适口性和营养价值。

2. **化学方法** 用碱性化合物如氢氧化钠、石灰、氨及尿素处理秸秆,可以打开纤维素和半纤维素与木质素结构之间的化学键,溶解半纤维素和一部分木质素,便于与消化酶接触。所以,化学处理不仅可以改善适口性、增加采食量,而且能够提高营养价值。

(1)氢氧化钠处理 将 2% 氢氧化钠溶液均匀地喷洒在秸秆上,经 24 小时处理即可完成。这种方法可使秸秆结构疏松,分解部分难消化的物质,从而提高秸秆中有机物质的利用率。

(2)氢氧化钙处理 氢氧化钙具有和氢氧化钠类似的作用,而且可以补充钙质,操作简单,容易成功。其方法是,200~250 升的水中加 1 千克氢氧化钙、1~1.5 千克食盐,然后加入 100 千克粉碎的秸秆,浸泡 5~10 分钟,捞出熟化 24~36 小时即可。

(3)酸碱处理 将切碎的秸秆放在盛有 3% 氢氧化钠溶液的水泥池中浸透,然后转入水泥窖内压实,经 12~24 小时后取出,再将其放入盛有3%盐酸的水泥池中浸泡,随后堆放在沥架上,去掉水分即可饲喂。这种方法操作简单,可使有机物质消化率提高20%~30%,利用率提高60%以上。

(4)氨化处理　用氨或氨化合物处理秸秆等粗饲料,可软化植物纤维,提高粗纤维的消化率,增加粗饲料中的含氮量,改善粗饲料的营养价值。

(5)微生物处理　利用微生物产生的纤维素酶分解纤维素,以提高粗饲料的消化率。这种方法又被称为EM技术。

(四)青绿饲料的加工调制

青绿饲料含水量高,一般现采现用,不易贮存运输,必须制成青干草和干草粉或制成青贮饲料,才能长期保存。

1. **干燥处理**　干草的营养价值取决于制作原料的种类、生长阶段和调制技术。一般豆科饲料粗蛋白质含量高,而禾本科饲料能量含量高,二者在有效能上无明显差别。干燥时间越长养分损失越大。例如,在晴朗干燥条件下晒制的干草养分损失通常不超过10%,而阴雨季节调制的干草,养分损失可达15%以上,其中可溶性养分和维生素损失更大。调制干草的方法一般有地面晒干和人工干燥两种。人工干燥法又分高温和低温两种方法。低温法是在45℃~50℃室内放置数小时,使青草干燥;高温法是在50℃~100℃的热空气中脱水干燥6~10秒钟。一般植株温度不超过100℃,几乎能保存青草的全部营养价值。

2. **青贮处理**　青贮饲料是指将青草刈割后,切短,迅速放入青贮窖,压实,使青草在厌氧环境中乳酸菌大量繁殖,从而将饲料中的淀粉和可溶性糖转化成乳酸。当乳酸积累到一定浓度后,便抑制了各种腐败菌的生长,这样就可以把青草的养分长时间保存下来。品质良好的青贮饲料呈绿色或黄绿色,酸中略带酒香,质地柔软,易于消化,是肉兔冬季的良好饲料。

（五）配合饲料的加工调制

配合饲料是将各种谷物、饼粕、矿物质和维生素等饲料，按照饲料配方，加工成营养全面、畜禽喜食、食后容易消化吸收，并具有增重快、生产成本低、饲料转化率高的饲料。

1. **制粒** 将配合饲料在制粒机内经过一定的压力和温度制成颗粒饲料。兔具有啃食坚硬饲料的特性，这种特性可刺激消化液分泌，增强消化道蠕动，从而提高对食物的消化吸收能力。将配合饲料制成颗粒料后，可使淀粉熟化，大豆及豆饼中抗营养因子分解，并起到杀菌消毒作用；保持饲料的营养均匀，从而显著地提高配合饲料的适口性和消化率，减少浪费，便于贮存运输，同时还有助于减少疾病的传播。兔用颗粒饲料直径应为 4~5 毫米，长度8~10 毫米，过大会影响消化吸收，过小易引起肠炎。颗粒饲料的水分应控制在 14% 以下，以便于贮存。兔用颗粒饲料所含粗纤维在 12%~14% 为宜。

2. **膨化** 膨化就是将配合饲料在一定的压力和温度下处理后，在瞬间将其释放出来，从而使饲料内部结构疏松，大分子有机物结构断裂，从而大大提高饲料的适口性和消化率。配合饲料通过制粒和膨化处理，均可在一定程度上提高饲料的营养价值，但对维生素、抗生素、合成氨基酸等不耐热的养分均有不利影响。因此，在饲料配方中，应适当增加那些成分，以便弥补损失的部分。

第六章
肉兔的饲养管理

一、肉兔的生活习性

肉兔是由野生穴兔驯化而来,尽管驯化久远,但仍不同程度地保留着其祖先的某些习性和生物学特性。了解这些习性,目的是制定一个适合其习性的、科学的饲养管理方法,最大限度地挖掘其生产潜力。

(一)性情温顺、胆小怕惊

家兔胆小怕惊,突然的声响会使兔精神高度紧张,在笼内狂奔乱窜,呼吸急促,心跳加快,食欲减退。如果这种应激强度过大,不能很快恢复正常的生理活动,将产生严重后果,如母兔流产、难产、拒绝哺乳,甚至死亡。幼兔出现消化不良、腹泻、腹胀,并影响生长发育,也容易诱发其他疾病。故有"一次惊场,三天不长"之说。

因此,肉兔的饲养过程中应注意:保持兔舍和周围环境的安静,管理操作动作要轻,尽量减少异常声音,避免陌生人及其他动物进入生产区或兔舍,兔场应远离噪声源。

（二）昼伏夜行

昼伏夜行的习性是指野生穴兔体格弱小，御敌能力差，白天躲在洞内休息，只有等到日落后，才离开洞穴寻找食物。家兔白天很安静，除了采食、饮水外，常静卧在笼内；而夜晚却十分活跃，采食、饮水频繁，占全部日粮和饮水量的60%~75%。因此，应根据家兔昼伏夜行的习性合理安排饲养管理程序。白天要创造安静的环境，尽量不干扰它们，使其得到充分的休息；夜间要供给其充足的饲料和饮水，尤其是在炎热的盛夏和寒冷的严冬。

（三）耐寒怕热

家兔被毛浓密，汗腺不发达，较耐寒冷而惧怕炎热。家兔的正常体温一般为38.5℃~39.5℃，最适宜的环境温度为15℃~25℃，此时家兔感到最为舒适，生产性能最高。在高温环境下，家兔的呼吸、心跳加快，采食减少，生长缓慢，繁殖率急剧下降。在一定程度的低温环境下，家兔可以通过增加采食量和动员体内营养来维持生命活动和正常体温。但是低温环境会造成生长迟缓和繁殖率下降、饲料报酬低等问题。因此，注意夏季防暑降温、冬季防寒保暖，尤其是对仔兔成活率具有重要影响。

（四）喜干燥、厌潮湿

干燥清洁的环境能保持家兔健康、提高生产力；潮湿污秽的环境易使家兔感染疾病、降低生产力。潮湿的环境利于病原微生物及寄生虫滋生繁衍，易使家兔感染疾病，特别是疥癣病和幼兔的球虫病，往往给兔场造成极大的损失。

肉兔生产中注意事项：防潮，保持兔舍干燥，尤其是多雨、潮湿的季节和地区；勤打扫、勤清理，保持笼舍清洁、卫生；保持兔舍通风透气，预防兔病。

(五)群居性差

幼兔喜欢群居,但随着月龄的增大,群居性越来越差。性成熟后的家兔、同性别家兔、新组成的兔群群居性差,公兔尤为明显。新组成的兔群,互相咬斗激烈,甚至皮开肉绽。

肉兔生产中注意事项:种公兔、妊娠母兔、哺乳母兔应单笼饲养。商品兔要合理分群,分群一般在断奶1周后进行,按体型大小、体质强弱分群,群体规模以8~10只为宜。

(六)喜穴居

穴居性是指家兔具有打洞居住,并且在洞内产仔的本能行为。家兔的这一习性,是其祖先野生穴兔遗传和长期自然选择的结果。只要不人为限制,肉兔一接触土地,打洞的习性立即恢复,尤以妊娠后期的母兔,可在洞内理巢产仔。研究表明,地下洞穴具有黑暗、安静、温度稳定、干扰少等优点,适合肉兔的生物学特性。母兔在地下洞穴产仔,其母性增强,仔兔成活率提高。因此,在笼养条件下,要为繁殖母兔尽可能模拟洞穴环境做好产仔箱,并置于安静和干扰少的地方。

因此,在建造兔舍和选择饲养方式时,要考虑到家兔的穴居特性,利用这一特性可以进行洞养。

(七)啮齿性

家兔的第一对门齿为恒齿,出生时就有,且终生不断生长,必须通过啃咬硬物磨损牙齿,才能保持其上、下门齿的正常咬合。管理中注意事项:经常给家兔提供磨牙条件,最好使用比较坚硬的颗粒饲料,平时往兔笼里投放一些树枝,让肉兔自由采食,既补充营养,又满足其啃咬的需要;注意兔笼材料的选择,应尽量做到笼内平整,不留棱角,使兔无处啃咬,以便延长笼具的使用年限;经常检查兔的门齿是否正常,如发现过长或弯曲,应及时修剪,并找出原因,采取相应措施。

(八)嗜睡性

嗜睡性指家兔在一定条件下,白天很容易进入睡眠状态。了解家兔的嗜睡性对肉兔的养殖具有重要意义。首先,在日常管理工作中,白天不要妨碍家兔睡眠,应保持兔舍及其周围环境的安静;其次,可以进行人工催眠完成一些小手术,如刺耳号、去势、注射、创伤处理等,不必使用麻醉剂,可免除麻醉药引起的副作用,既经济又安全。催眠方法:将家兔仰卧保定,顺毛方向抚摸其胸、腹部,同时用拇指和食指按摩太阳穴,家兔很快进入睡眠状态。睡眠的标志:眼睛半闭、斜视、头后仰,呈均匀的深呼吸。

(九)嗅觉、味觉、听觉灵敏,视觉较差

家兔嗅觉、味觉、听觉灵敏,视觉较差——"三敏一钝"。家兔鼻腔分布着大量的嗅觉感受器,可通过嗅觉分辨不同的气味,辨别饲料气味、异己、性别。家兔的味觉发达,在舌头上有数以千计的味蕾,不同区域感受不同的味道,通过味觉辨别饲料的适口性,喜欢甜、微酸、微辣和苦的饲料。听觉发达,对于声波的大小、远近判断很清晰,通过听觉辨别外界变化,例如主人的脚步声、咳嗽声等。视觉较差,对于不同的颜色分辨不清,距离判断不明。

二、肉兔的饲养模式及日常管理技术

(一)肉兔的饲养模式

肉兔的养殖模式主要有 3 种,即传统庭院养殖模式、规模化养殖模式和工厂化养殖模式。

庭院养殖模式一般是以家庭为单位小规模养殖,每天的工作内容基本上是发情鉴定、配种、上料、给水、清粪、打扫卫生、做其他杂活,有时会进行免疫、治疗、助产、护理仔兔、出栏等。母兔年均繁殖 6~7 窝,母兔只均年贡献出栏商品兔 25~30 只。

　　规模化养殖模式是现阶段我国养兔的主要饲养模式,也称集约化或标准化养殖模式。由于养殖规模大,不能采取传统饲养方式。否则几乎每天都要做发情鉴定、配种、上料、给水、清粪、免疫、治疗、助产、护理仔兔、打扫卫生、出栏、其他杂活等。如果攒够一定数量再进行的话,肉兔的参差不齐会影响养殖效果。比如,免疫日龄的差异会造成肉兔免疫后抗体水平参差不齐,个别兔因错过最佳免疫期而出现该病的亚临床症状或非典型症状;出栏日龄不同,肉兔体重差异较大,屠宰后产品规格不一。规模化养兔必须依靠科技手段,分阶段生产,按批次出栏。

　　工厂化养殖模式,即全进全出循环繁育模式,是建立在繁殖控制技术和人工授精技术基础上的高效率生产模式,在管理上实行全进全出,在技术上应用繁殖控制和人工授精。年初时制定好全年的工作计划,实行 42 天或 49 天繁育制度,断奶后搬移妊娠母兔到另一空兔舍待产,断奶仔兔继续留在原舍育肥至整批全部出栏,出栏后将兔舍彻底空舍消毒,等待另一批妊娠母兔搬进来待产,如此循环反复。生产过程中分批次、按计划进行发情鉴定、配种(人工授精)、分娩护理、免疫、出栏。这种养殖模式下,肉兔繁殖率、成活率及出栏率都有明显提高,出栏商品兔整齐度高,而且极大地降低了人工的劳动强度。需要注意的是,全进全出的循环繁育模式需要优良的品种、合理的全价饲料、精细的环境控制,还要掌握同期发情、人工授精、同期分娩等一系列繁殖技术,否则难以达到预期效果。

（二）日常管理技术

1. **日粮结构类型的选择** 家兔的采食特点是具有食草性和择食性。食草性是指主要以植物性饲料为主，主要采食植物的茎、叶和种子。兔的上唇纵向裂开，门齿裸露，适于采食地面的矮草，也便于啃咬树枝、树皮和树叶；兔的门齿有 6 枚，呈凿形咬合，便于切断和磨碎食物；兔的盲肠极为发达，其中含有大量微生物，起着牛、羊等反刍动物瘤胃的作用。家兔的这种消化系统的解剖特点决定了家兔的食草性。

因此，在配合肉兔全价饲料时，以青粗饲料为主、精饲料为辅；既要考虑营养需要，又要兼顾适口性，把动物性饲料的比例控制在 5% 以下，并且要搅拌均匀；肉兔喜欢吃豆科、十字花科、菊科等多叶性植物和多汁的胡萝卜、萝卜、甘薯等，不喜欢吃禾本科、直叶脉的植物，如稻草之类；喜欢吃燕麦、大麦、小麦，对玉米不太喜欢；喜欢吃颗粒饲料，不喜欢吃粉状饲料。肉兔对粗纤维的利用率并不是很高，但其作用是其他营养素所不能替代的。

2. **饲喂方法和饲喂技术**

（1）饲喂方法 家兔的饲养方式多种多样，饲喂方法主要包括自由采食、限饲饲喂和混合饲喂 3 种，而饲喂方法与饲养方式相关联。饲喂方法的选择都应符合家兔的生活习性，以便于饲养，获得较高的经济效益。

①自由采食 自由采食就是让兔随便吃，但必须是全价颗粒饲料，而且粗饲料含量较高。其优点是能提高采食量和日增重，但耗料量大，饲料报酬低。

②限制饲喂 限制饲喂是根据不同品种、体重、生产阶段、季节和气候条件等，对家兔定时、定量、定次数饲喂，以养成家兔定时采食、休息和排泄的习惯，有规律地分泌消化液，促进饲料的消化吸收。

③混合饲喂　混合饲喂是将家兔的饲粮分成两部分,将精饲料、块根块茎类饲料定量饲喂,青饲料、粗饲料自由采食的方法。

如果饲喂不定时、定量,不仅会打乱兔的采食规律,造成饲料浪费,还会诱发消化系统疾病,导致胃肠炎的发生。一般要求每天饲喂 2~4 次,精、青粗饲料可单独或交叉饲喂。幼兔消化能力比较弱,宜少吃多餐,夏季炎热,喂料宜在早、晚进行。一般而言,在采用青粗饲料+精料补充料的日粮结构时,幼兔日平均饲喂青饲料 250 克以上,精料补充料 20~75 克(日喂料量为兔自身体重的5%左右),成年兔日平均饲喂饲料 500 克以上,精料补充料 50~100 克,并根据自身生理状况(如妊娠、泌乳等)适当调整。如果饲喂全价饲料,幼兔的日平均饲喂量为 75~100 克(日喂料量为兔体重的 7%左右),成年兔一般日饲喂量为 100~150 克。

(2)饲喂技术

①保证饲料品质、合理调制饲料　饲喂前须按饲料特性进行适当的加工调制,以改善饲料的适口性,增进食欲,提高消化率并达到防病的目的。例如,青草和蔬菜类饲料应剔除有毒、带刺的植物,受污染或夹泥土的饲草应清洗并晾干后再喂;水生饲料要注意清除霉烂、变质和污染部分,再洗净、晾干后饲喂;粗饲料应清除尘土和霉烂部分,然后粉碎成干草粉与精饲料混喂,或制成颗粒饲料饲喂;块根块茎类饲料要挑选、洗净、切碎后饲喂,最好将其洗净晾干后刨成丝与精饲料混合饲喂;谷物饲料和油饼类饲料要磨碎或压扁后饲喂,最好与干草粉拌温或制成颗粒饲料。

保证草料的品质,霉烂、变质的饲料,带泥沙的草料,带雨、露、霜的草,打过农药的草,堆积草,冰冻饲料和发芽的马铃薯,黑斑甘薯,生的豆类饲料,有刺、有毒的植物和混有兔毛、粪便的饲料,未经蒸煮、焙烤、牛皮菜、菠菜等不宜饲喂。

②更换饲料逐渐过渡　饲草和饲料种类应随季节而变。一般来说,夏季和秋季青绿饲料充足,而冬季和春季则以干草和块茎类

饲料较多。更换饲料时,不能突然变化,一般过渡期为 5~7 天,以便于消化功能逐渐适应新的饲料。更换饲料,无论是数量的增减或种类的改变,都必须坚持逐步过渡的原则,每次不宜超过 1/3。如果突然改变饲料,往往容易引起兔子的食欲降低或消化功能紊乱,发生腹泻、腹胀等消化道疾病。

3. 保证饮水　水是家兔机体的重要组成部分,是家兔对饲料中营养物质吸收、转化、合成的媒介,缺水将影响代谢活动的正常进行。水还有调节体温的作用,也是治疗疾病与发挥药效的调节剂。如果对家兔完全不供应水,成年兔只能活 4~8 天;供水充足不给料,兔可活 21~31 天。

供水不足还可引起胃肠功能降低,消化紊乱,诱发肠毒血症,食欲减退,出现肾炎,甚至母兔产后吃掉仔兔,泌乳不足,乱食杂物,被毛干枯、变脆、弹性差,兔毛生长缓慢,公兔性欲减退,精液品质下降等。现代养兔最好保证自由饮水,且要保证水的质量。要保证饮水质量就要做到不饮被粪尿、污物、农药等污染的水,不饮死塘水、冰冻水和非饮用水等。兔饮用水应符合人饮用水标准,如自来水和深井水等,而理想的供水方式是采用全自动饮水系统。

4. 创造良好的环境条件

(1) 保持环境干燥、清洁卫生　家兔喜清洁,爱干燥,体质弱抗病力差,因此搞好兔舍环境尤为重要。平时需打扫兔笼,清除粪便,洗刷饲具,勤换垫草,定期消毒,保持兔舍清洁、干燥,减少病原微生物孳生繁殖,这是预防疾病必不可少的措施。

(2) 保证兔舍空气质量　兔舍的通风状况、饲养密度、饲养管理方式、温度及微生物的作用等是影响兔舍空气质量的重要因素。兔舍空气质量不佳容易引发呼吸道疾病,或因湿度大病菌滋生引发消化道疾病。兔舍内空气质量的控制主要通过减少产生和加速排除有害气体或粉尘来实现。措施是加强兔舍通风换气。夏季可打开兔舍门窗自然通风,也可安装吊扇通风;冬季兔舍要靠通风装置加强换气,天气晴朗、舍内温度较高时,也可打开门窗进行通风。工厂化模式养殖多为密闭式兔舍,饲养密度高,完全靠通风装置换气,宜采取低位通风、纵向通风和湿帘降温相结合的方式。还可以应用变频技术和定时技术,降低能耗,缓解通风换气和保温取暖的矛盾。此外,还要根据兔场所在地区的气候、季节、饲养密度等严格控制通风量和风速。

(3)**保持安静,防止应激与兽害**　兔胆小易惊、听觉灵敏,突然的噪声可使其惊慌失措,乱窜不安,尤其在妊娠、分娩、泌乳时影响更大。因此,在日常饲养管理中,动作要轻,尽量保持兔舍内外的安静。禁止在兔舍附近鸣笛、放鞭炮等。同时,要注意防御犬、猫、鼠、蛇等对兔的侵害,并防止陌生人突然闯入兔舍。

(4)**夏季防暑、冬季防寒**　肉兔耐寒怕热,在高温环境下,家兔的呼吸、心跳加快,采食减少,生长缓慢,繁殖率急剧下降。相对于高温,低温对肉兔的危害要轻得多。我国气候条件南北各异,应根据当地的地理环境、气候特点、兔舍结构以及兔场的经济实力等,采取各种措施或安装必要的设施设备,做好夏季防暑降温、冬季防寒保暖工作。

三、种公兔的饲养管理

种公兔在兔群中具有主导作用,其优劣影响到整个兔群的质量,俗话说"母兔好好一窝,公兔好好一坡"。因此,必须精心培养种公兔,使其品种纯正,发育良好,体质健壮,性欲旺盛,精液品质优良,配种能力强。为达到上述目的,在公兔的基因确定之后,搞好种公兔的饲养管理至关重要。

(一)种公兔的饲喂

种公兔的配种受精能力取决于精液品质,这与营养的供给有密切关系,特别是蛋白质、矿物质和维生素等营养物质,对精液品质起重要作用。因此,种公兔的饲料要求营养全面,体积小,适口性好,易于消化吸收。

种公兔的精液品质、射精量与饲料中的蛋白质品质关系最大。精液除水分外,主要由蛋白质构成。生成精液的必需氨基酸有色氨酸、组氨酸、赖氨酸、精氨酸等,其中赖氨酸最多。此外,性激素和多种腺体的分泌以及生殖器官都需要蛋白质、维生素、矿物质元素等。动物性蛋白质对种公兔的繁殖功能作用更显著,肉兔日粮中加入动物性蛋白质饲料可使精子活力增加,受精率提高。在生产中,对性欲不旺盛、精液品质不佳、配种能力不强的种公兔,在其日粮中添加鱼粉、豆饼、花生饼、豆科牧草等优质蛋白质饲料时,可明显改善其精液品质,提高配种能力。

维生素对精液品质也有影响,特别是维生素 A、维生素 E、维生素 D 和 B 族维生素。当日粮中维生素含量缺乏时,会导致后备公兔生殖器官发育不全,性成熟推迟,种用性能下降。此外,还会导致生精障碍,精子数目减少,畸形精子增多,配种受胎率降低。青绿饲料中含有丰富的维生素,夏秋季一般不会缺乏,但在冬季和早春时青绿饲料少或长年喂颗粒饲料时,容易出现维生素缺乏症。这时应补饲青绿多汁饲料,如胡萝卜、白萝卜、大白菜等,或在日粮中添加复合维生素。

矿物质元素对精液品质也有明显的影响,特别是钙。日粮中缺钙会引起精子发育不全,活力降低,公兔四肢无力。在日粮中添加骨粉、蛋壳粉、贝壳粉或石粉,可满足钙的需要。锌对精子的成熟具有重要意义。缺锌时,精子活力降低,畸形精子增多。硒在家兔体内的作用主要是作为谷胱甘肽过氧化物酶的成分起到抗氧化作用,对细胞正常功能起到保护作用,还能保证睾酮激素的正常分泌。

种公兔的饲养除了保证营养全价性外,还要保持营养的长期稳定。因为精子是由睾丸中的精细胞发育而成,而精子的产生过程需要较长的时间,为47~52天。对集中配种的种公兔,应注意要在1个月前调整饲料配方,提高日粮营养水平。在配种期间,也要相应增加饲喂量,并根据种公兔的配种强度,适当增加动物性蛋白质饲料,以达到改善精液品质、提高受胎率的目的。

保持种公兔七八成膘情。种公兔日粮中能量过高,运动减少或长期不作种用,均容易造成过肥,配种能力下降,这时应根据具体情况降低饲喂量,增加运动,使膘情保持在中等水平。对于过瘦的公兔,要分析原因,进行补饲或疾病治疗。

(二)种公兔的管理

种公兔的饲养管理水平对其繁殖性能有重要影响。相对于中小规模的传统肉兔管理方式,工厂化繁殖模式下的饲养管理更为科学和规范,更利于种公兔繁殖潜力的发挥。下面详细介绍工厂化养殖模式的饲养管理。

1. **单笼饲养**　选作种用的公兔3月龄后,必须与母兔分开饲养。因为这时公兔的生殖器官开始发育,公、母兔混养会发生早配或乱配现象。种公兔单笼饲养,可增强公兔性欲、避免互相咬斗,公兔笼和母兔笼要保持较远的距离,避免异性刺激。

2. **控制体重**　适宜的体重对种公兔的繁殖性能发挥非常重要。体型瘦弱的公兔体质差,精液品质不佳,不适宜留作种用;而体型过大,则不但会使脚皮炎的患病率增大,还会因性情懒惰、反应迟钝,使得配种能力下降,种用寿命减短。此外,体型越大,消耗的营养越多,经济上也不合算。所以,控制种公兔的适宜体重是一项技术性很强的工作。从后备期开始,配种期应坚持采取限饲的方法,禁止自由采食。饲料质量要高,但平时控制在八成饱,保持种用体重,不可过肥。给种公兔更大的笼面积,利于种公兔多运动,以增强体质。

3. **适龄配种** 肉兔是早熟家畜,3 月龄已达性成熟,但必须达到体成熟才能配种。如果过早配种,不仅影响自身生长发育,造成早衰,降低配种能力,减少公兔的使用寿命,还会影响后代的质量。一般大型品种兔的初配年龄是 7~8 月龄,中型品种兔为 5~6 月龄,小型品种兔为 4~5 月龄。初次配种时宜选择发情正常、性情温顺的母兔与其配种,使初配顺利完成,以建立良好的条件反射。公兔的使用年限从开始配种算起,一般为 2 年,特别优秀者可以适当延长,但最多不超过 3 年。

4. **配种(采精)频率与程序** 传统兔场以本交方式繁殖,工厂化兔场则利用人工授精技术繁殖。一般来说,对于初次配种(采精)的青年种公兔和 3 岁以上的老龄公兔,配种(采精)强度可适当控制,以每天配种 1~2 次、隔日配种(采精)或隔 2 日休息 1 日为宜;对于 1~2 岁的壮龄兔,可每天配种(采精)2~3 次,每周休息 2 天。绝不能超强度配种,否则公兔体质会很快衰退而难以恢复。当公兔出现消瘦时,应停止配种(采精)1 个月,待其体力和精液品质恢复后再参加配种。配种(采精)时,应把母兔(台兔)捉到公兔笼内进行。因公兔离开了自己的领地,对环境不熟悉或者气味不同,都会使之感到陌生而抑制其性活动,精力不集中,影响配种效果。

5. **确定合适的种兔比例** 公、母兔比例应根据兔场的性质和繁殖模式而定。在本交情况下,商品兔场公、母比例以 1∶10~12 为宜。种兔场,公、母比例应缩小至 1∶8 左右。而以保种为目的的兔场,应以 1∶5~6 为宜。规模化现代兔场,采用人工授精方式繁殖的情况下,公兔精液得到了更充分的利用,公、母比例可增加到 1∶100~200。兔场的规模越大,公、母兔比例也应适当增大。此外,生产中为了防备意外事件,如公兔生病、患脚皮炎、血缘关系一时调整不开等,还可适量增加种公兔作为后备。

6. **定期检验精液品质** 配种期种公兔要定期进行精液品质

鉴定,主要检查精子密度、精子活力、畸形率等项目。当发现精液品质下降时要积极寻找原因。饲料营养不足或不平衡造成的品质下降要及时调整饲料配方;疾病引起的品质下降依情况而定,有救治意义的要积极救治,救治意义不大或代价过高的要及时淘汰。

7. **建立种公兔档案**　兔场要做好种公兔配种记录,使血缘清楚,防止近亲交配。每次配种都要详细记录,以便分析和测定公兔的配种能力和种用价值,为选种选配打下可靠的基础。

8. **保持兔笼卫生和温度适宜**　种公兔的兔舍温度 10℃~20℃ 为宜,过冷、过热都对公兔性功能有不良影响。公兔笼是配种(采精)的场所,应保持清洁干燥,并经常洗刷消毒,避免在配种(采精)时由于不清洁而引起一些生殖器官疾病。

四、种母兔的饲养管理

种母兔是兔群的基础,饲养的目的是为兔场提供数量多、品质好的仔兔。母兔的饲养管理是一项细致而复杂的工作。成年母兔在空怀、妊娠和哺乳 3 个阶段的生理状态有着很大差异,因此在母兔的饲养管理上,要根据各阶段的特点,采取相应的措施。

(一)空怀母兔的饲养管理

空怀母兔指从上胎仔兔断奶到下一次配种妊娠前的一段时期,又称休养期。由于母兔在经过妊娠和泌乳消耗了体内大量的营养物质,多数母兔的体质较差。此期饲养管理的重点是调整膘情,恢复体力,促使其早发情、早配种,提高繁殖率。

1. **保持适当的膘情**　空怀母兔要求七八成膘。对过肥的母兔实行限制饲养,减少或停止精料补充料,只喂给青绿饲料或干草,否则会在卵巢结缔组织中沉积大量脂肪而阻碍卵细胞的正常发育并造成母兔不孕。对于过瘦的母兔应加强营养,适当增加精料补充料,提升膘情。因为控制卵细胞生长发育的脑垂体在营养不良的情况下分泌紊乱,所以卵泡不能正常生长发育,影响母兔的正常发情和排卵,甚至不孕。为了提高空怀母兔的营养供给,在配种前15天左右应按妊娠母兔的营养标准进行饲喂。

2. 注意蛋白质、维生素和矿物质的均衡补给　主要是维生素 A 和维生素 E 的补给;家庭养兔可供给胡萝卜或大麦芽等,而规模化兔场可补充复合维生素添加剂。应以青饲料为主,根据膘情酌情补料。一般日喂精料补充料 50~100 克;对于规模较大而饲喂全价配合饲料的兔场,空怀期饲料配方应做适当调整,即增加粗纤维含量,减少能量和蛋白质比例,每日每只母兔饲喂量为130~150 克;而对于全场饲喂一种饲料(不分品种、大小、生理阶段)的兔场,应严格控制饲喂量,每日每只空怀母兔的采食量控制在 130 克(中型品种)以下。

3. 改善管理条件　注意兔舍的通风透光,冬季适当增加光照时间,使每天光照时间达 14 小时左右,光照强度为每平方米 2 瓦(W)左右,电灯高度 2 米左右,以利于母兔发情受胎。对于不易受胎的母兔,可以通过膜胎的方法检查子宫是否有肿块(脓肿、肿瘤),对有子宫肿块的要及时做淘汰处理。优良品种母兔产后恢复快并能迅速配种受胎,对于产后长时间恢复不良的个体应淘汰。

(二)妊娠母兔的饲养管理

妊娠期又称怀孕期,是指母兔从配种受胎到分娩这一段时期,一般为 31 天左右。

1. 妊娠母兔的饲喂技术　妊娠初期(1~12 天),孕兔有食欲不振的妊娠反应,因而此期应调配适口性好的饲料,原则上饲喂应掌握富含营养、容易消化、量少质优、防止过饱。妊娠中期(13~18天)不但要增加饲料的供给量,还要保证饲料营养平衡易于消化。可饲喂青绿饲料并适当补充鱼粉、豆饼、骨粉等。妊娠母兔营养不良会引起死胎、产弱仔、胎儿发育不良及造成母兔缺奶,仔兔生活力不强,成活率低。妊娠末期(19~31天),胎儿的发育日趋成熟,对各种营养物质的需求量相当于平时的1.5倍。此时,不但要注意饲料的多样化和营养均衡,还要注意钙、铁、磷等微量元素的补充。母兔临产前2~3天,要多喂些优质青绿多汁饲料,适当减少精饲料。

2. **妊娠母兔的管理技术**　妊娠母兔饲养管理的工作重点是保证胎儿的正常发育,避免因饲养管理不当造成化胎和死胎现象。

(1)**保胎防流产**　妊娠母兔的管理重点是保胎防流产。兔舍应保持清洁安静,突然的尖叫、轰鸣都可引起母兔惊慌乱撞,导致流产。随意捕捉恐吓也往往引起流产。为避免拥挤造成流产,妊娠15天后的母兔应单独饲养。不饲喂发霉、变质、冰冻、污染、有毒等对母兔和胎儿有害的饲料。要避免频繁地捕捉母兔。

(2)**接产准备**　做好产前准备是母兔妊娠后期管理的要点。妊娠第28天前,应将兔笼和产仔箱彻底清洗消毒,产仔箱内放入柔软、保温和吸湿性较强的垫草,让母兔熟悉环境,诱导母兔衔草、拉毛做窝。母兔在产前1~2天开始拉毛、叼草做窝。产前拉毛做窝的母兔,其母性较强,会护仔育仔,泌乳量也较大。但有些初产母兔不会拉毛做窝,必须进行人工辅助拉毛予以诱导。对于经过2次以上诱导仍不会拉毛的母兔,证明其母性不强,如果其产仔数和泌乳力均表现不佳,应予以淘汰。

(3)**产后管理**　母兔分娩时一定要保证环境安静。多数母兔在夜间产仔,以黎明最多,如果是在白天产仔,应用物体遮挡窗户,或在母兔笼子上面盖一条麻袋,防止强烈的日光照射母兔。母兔由于在分娩期间消耗的水分较多,应准备一些麦麸淡盐水、红糖水、米汤或普通的井水等放入笼内,否则母兔有可能吃掉仔兔。母兔分娩时应有专人护理,昼夜值班。当母兔分娩完跳出产仔箱后,应换掉被血水、羊水污染的垫草,清点仔兔和检查其健康状况,扔掉死胎,做好产仔数、初生重等记录。分娩后的母兔应喂服3天的抗生素药物,预防母兔乳房炎和仔兔黄尿病,提高仔兔成活率。

(三)哺乳母兔的饲养管理

母兔自分娩到仔兔断奶这段时期称为哺乳期。母兔的泌乳量对仔兔生长发育和成活率至关重要。因此,母兔泌乳期饲养管理的重点是保证母兔健康,提高泌乳量,提高仔兔成活率。

1. **哺乳母兔的营养供给**　产后10~20天是泌乳高峰期,哺乳母兔每日可泌乳60~150毫升,高产母兔可达150~250毫升,最高可达300毫升。如果饲料不能满足哺乳母兔的营养需要,就会动用体内储存的大量营养物质,从而降低母兔体重,损害母兔健康,影响泌乳量。反之,饲料营养水平过高,泌乳过剩,易造成乳汁在乳房内蓄积,发生乳房炎。饲喂注意事项如下。

第一,保证蛋白质和氨基酸的供给。由于母兔泌乳期营养需求较多,饲料蛋白质含量在18%以内时,母兔的泌乳量随着饲料蛋白质含量的提高而增加。日粮蛋白质不足,将严重影响母兔的泌乳力和仔兔的生长发育及成活率。母兔在泌乳期对含硫氨基酸(蛋氨酸+胱氨酸)和赖氨酸的需要量比较高,一般为0.7%和0.9%,而含硫氨基酸最容易缺乏。适当搭配一些含硫氨基酸丰富的饲料,如鱼粉、芝麻饼等,或在常规配合饲料中添加蛋氨酸0.1%~0.2%,母兔的泌乳力会大幅度提高。

第二,维生素和矿物质的补加。维生素和矿物质对母兔泌乳力的提高、乳腺功能和内分泌系统的调节起到其他营养系不可替代的作用。为了提高泌乳力,应添加一定量的维生素A和维生素E,使每千克饲料中的含量分别达到10 000单位、40毫克以上。钙、磷、铁、铜、锌、锰、硒、钴、碘和食盐的补充,对保证母兔正常泌乳非常有益。

第三,自由采食和饮水。采食量减少会使合成乳汁的原料不足,致使泌乳量减少。因此,母兔在泌乳期,除了产后前几天以外,应自由采食。母兔的乳汁绝大部分是水分。哺乳母兔的需水量很大,每天需水量1~2升,为采食量的3~5倍。没有充足、清洁的饮水供应,就不可能有足够的乳汁分泌,因此必须强调母兔在泌乳期要自由饮水。

2. **哺乳母兔的管理技术** 哺乳期管理的重要内容是确保母兔平安,预防乳房炎,让仔兔吃上奶、吃足奶。同时,母兔在泌乳期对于环境变化非常敏感,稍微的工作疏忽都可能影响其泌乳功能。管理中应注意做好以下几项工作。

第一,兔舍要通风,加强光照,兔笼保持清洁卫生及干燥,同时确保环境安静,避免噪声,动物的闯入、陌生人的接近、无故搬动产仔箱和触动其仔兔,均会引起母兔受惊而拒绝哺乳,发生咬死、踩死仔兔或"吊乳"现象。

第二,预防乳房炎等疾病,母兔在产前和产后3天用青霉素50万单位,每天2次或庆大霉素4万单位饮水,预防乳房炎。或者在产后3天内,适当减少全价饲料和青绿多汁饲料,每天喂给母兔0.5克磺胺噻唑片和苏打片各1片,可预防乳房炎、阴道炎及仔兔脓毒败血症。产后用经过消毒的热毛巾按摩擦洗乳房,然后用2%碘酊涂抹每个乳头,隔日1次,连续3次。一方面可预防母兔乳头的污染,另一方面使仔兔在哺乳时获得一定量的碘,有预防球虫的作用。避免机械损伤,即避免笼具、踏板、垫草内的尖刺物刺伤乳房而感染葡萄球菌。应定期检查、及时清除笼具内的尖刺物。

第三,催乳和收奶,对刚产完仔的母兔,应拔掉乳头旁的毛,面积约铜钱大小,以刺激乳腺分泌乳汁。对泌乳量不足的母兔需人工催乳,可采取以下措施:饲喂具有催乳作用的饲草饲料,如蒲公英、苦荬菜、胡萝卜、生大麦芽等;蚯蚓1条,用开水烫死,焙干或晒干,研末,添加在饲料中,每兔每日1条;豆浆200克,煮熟凉温,加入捣碎的大麦芽50克,红糖5克,混合饮喂,每日1次;芝麻1小撮,花生米 10 粒,干酵母 3~5 片,捣烂后饲喂,每日 1 次;人用催乳片,每只母兔每日 3~4 片,连用 3 日。如果仔兔断奶后母兔的乳腺分泌仍然旺盛应进行收奶:减少或停喂精饲料,少喂青饲料,多喂干草;饮用 2%~2.5%冷盐水;干大麦芽 30 克,用锅炒黄后饲喂。

第四,经常检查仔兔状况,及时调整母兔的饲料供应。哺乳母兔的饲养管理要精心,特别要注意观察:仔兔吃饱后腹部胀圆,肤色红润光亮,安睡不动,说明母兔泌乳旺盛;仔兔腹部空瘪,肤色灰暗,乱爬乱抓,经常发出“吱吱”叫声,表明是母兔泌乳不足。哺乳正常的产仔箱内清洁、干燥,很少有仔兔粪尿;母兔饲料中含水量过高,则产仔箱内积留尿液过多;母兔饮水不足,仔兔粪便过于干燥;饲料发霉变质,还会引起仔兔消化不良,甚至腹泻。勤观察,发现异常,要及时调整饲料配方,加强管理,保证仔兔的成活率。

五、 仔兔的饲养管理

仔兔指出生到断奶的小兔。仔兔发病率高、死亡率高,此阶段的饲养管理非常关键。养好仔兔关系到基础群的发展壮大,关系到品种的选育。要加强冬春季节饲养管理,因为冬季和早春气温低,仔兔被毛稀,体温调节能力差,抵抗能力低,易患疾病,导致成活率低。

(一)仔兔生长发育特点

仔兔出生后闭眼,耳孔封闭。视觉、听觉未发育完全。出生后8 天耳朵张开,11~12 天眼睛睁开。仔兔初生重 40~65 克。生长发育快,出生后 7 天体重增加 1 倍,10 天增加 2 倍,30 天增加 10倍,之后也保持较高的生长速度。

初生仔兔裸体无毛,调节体温的能力差,10 日龄后才能保持体温恒定。舍温低时易被冻死,而炎热季节产仔箱内闷热,仔兔易中暑。初生仔兔窝内温度应保持在30℃左右。

(二)仔兔的营养供给

兔奶营养丰富,是仔兔初生时生长发育所需营养物质的直接来源。实践证明,初生仔兔能早吃奶、吃足奶,则生长发育快,体质健壮,抗病力强。反之,仔兔抗病力差,死亡率高。生产实践中,初生仔兔吃不饱奶的现象经常发生。护仔性不强的母兔,特别是初产母兔,产仔后不会照顾自己的仔兔,甚至不给仔兔哺乳,对此须采取人工辅助措施。方法是将母兔固定在巢箱内,使其保持安静,将仔兔分别安放在母兔的每个乳头旁,嘴顶母兔乳头,让其自由吮乳,强制哺乳每日1~2次,连续3~5天,母兔可顺利哺乳。如母兔产仔过多,造成少数仔兔吃不到奶时,应找保姆兔寄养。

仔兔16日龄就开始试吃饲料。补饲既可满足仔兔营养需要,同时又能锻炼仔兔胃肠消化功能,使仔兔安全渡过断奶关。补饲营养需要:消化能11.3~12.54兆焦/千克,粗蛋白质20%,粗纤维8%~10%,加入适量酵母粉、酶制剂、生长促进剂和抗生素添加剂、抗球虫药。补饲方法:①饲喂量从每只4~5克/日逐渐增加到20~30克/日。每日饲喂4~5次,补饲后及时把饲草拿走。②补饲最好设置隔栏,使仔兔进入隔栏补饲。也可以仔兔与母兔分笼饲养,仔兔单独补饲。

(三)仔兔的管理技术及提高仔兔成活率的措施

1. **保持环境安静**　睡眠期仔兔除了吃奶,其余时间都在睡觉。因此,吃饱奶、睡好觉,是睡眠期仔兔饲养管理的关键。尽量保持环境安静,光线暗淡。

2. **保温防冻,防暑降温**　仔兔舍的温度应保持在15℃~25℃,产仔箱内铺保暖、吸湿性强、干燥、松软的垫草,或铺盖保温性强的兔毛。

3. 防止吊乳 吊乳是指母兔哺乳时突然跳出产仔箱并将仔兔带出的现象。发生吊乳现象的原因是母兔哺乳时受到惊吓或者母乳不足、仔兔数量多,仔兔吃不饱,吸住乳头不放而被带出。预防措施:母乳不足时,提高母兔日粮营养水平,增加泌乳量。仔兔数量多时,可进行寄养。保持环境安静,防止惊扰母兔。实行母仔分开饲养,定时哺乳,利于母兔休息,仔兔补饲。

4. 预防疾病和鼠害,减少非正常致残和死亡 仔兔在哺乳期主要的疾病是黄尿症、大肠杆菌病和脓毒败血症等。其原因是患乳房炎的母兔乳汁中含有大量的葡萄球菌等病菌及其毒素,可在短期内使仔兔中毒,发生急性肠炎,排出腥臭黄色水样稀便,污染后躯。患兔四肢无力,昏睡,皮肤灰白、无光泽,死亡率极高。预防此病的方法是保证母兔健康,避免乳房炎发生。当仔兔发生黄尿症时,立即停止吃患病母兔的乳汁,并采取紧急抢救措施;仔兔口腔内滴注氯霉素眼药水或庆大霉素注射液,每次 3~4 滴,每日 4 次。做到兔舍干净、卫生、保温、通风,可以预防支气管败血波氏杆菌病、大肠杆菌病的发生。

仔兔易被鼠残食,因此兔场要做好灭鼠工作。兔舍与外界通道间安装铁丝网,防止老鼠进入。给母兔提供均衡营养、充足饮水、保持产仔时安静,可以有效防止食仔现象发生。对有食仔恶癖的应淘汰。垫草中混有布条、棉线等容易造成仔兔窒息或残肢,应引起注意。刚出生仔兔鼻孔上的羊水、血污常和灰尘粘结成痂壳、阻塞呼吸,会影响仔兔吮乳而致其饿死。可用氯霉素眼药水 1 滴涂于仔兔鼻孔上,浸软痂壳,用脱脂棉将其捻出。仔兔在出生后 12~15 天开眼,应及时逐个检查,发现开眼不全的,可用药棉蘸温开水洗去封住眼睛的黏液,帮助仔兔开眼。

5. 抓好断奶关 肉兔断奶时间为 28~30 日龄。断奶方法:①一次断奶法:用于同窝仔兔生长发育整齐均匀,在同一时间内将母仔分开饲养。母兔在断奶的 2~3 天,只喂青料,停喂精饲料,使其停奶。②陆续断奶法:用于同窝仔兔体质强弱不同,即先将体质强的断奶,体弱仔兔继续哺乳,经数日后,视情况再行断奶。如果条件允许,可采取移出母兔、仔兔留原窝的办法,以避免环境骤变,影响仔兔增重。

断奶注意事项:①断奶时将仔兔留在原笼中,将母兔移走。②尽量做到饲料、环境、管理"三不变",尽量减少应激。

六、后备兔的饲养管理

后备兔指 3 月龄至初配阶段留作种用的青年兔。此期的兔消化系统已发育完备,食欲强,采食量大,对粗纤维的消化利用率高,体质健壮,抗病力强,生长快,尤以肌肉和骨骼为甚。性情活跃,已达到或接近性成熟。这一时期饲养管理的要点是控制体重,保证体质健壮,使之达到种用兔的标准。

(一)满足生长需要,适当控制体重

肉兔 3 月龄之后的生长发育依然较为旺盛,骨骼和肌肉尚在继续生长,生殖器官开始发育,应充分利用其生长优势,满足蛋白质、矿物质和维生素等营养的供应,尤其是维生素 A、维生素 D、维生素 E,以形成健壮的体质。控制体重是后备兔管理的要点。成年獭兔体重应控制在 3.5~4.0 千克,不超过 4.5 千克即可。生产群的初配体重一般要达到成年体重的 70% 以上。对于有生长潜力的后备种兔要采取"前促后控"的策略,即青年兔的饲养前期应尽量饲喂营养均衡的全价饲料,量要充足,后期则不能使其体重无限生长。一般采取限制饲养的办法,即达到一定体重后,每日喂料量控制在 85% 左右。对于配种期的种兔要控制膘情,防止过肥。在条件允许的情况下可适当让后备兔增加运动和多晒太阳。

(二)及时分笼

3 月龄左右,家兔的生殖器官开始发育,特别是成年体重偏小的中小型兔,公母混养,容易导致早交乱配。同时,随着生殖系统的发育,家兔同性好斗的特点表现得更为明显,同性特别是公兔间的咬斗不仅消耗体能,而且容易造成身体残缺,丧失种用性能,因此 3 月龄后公、母兔都要实行单笼饲养。

(三)控制初配期

后备兔生长发育到一定月龄与体重,便会有性行为和性功能,称为性成熟,达到性成熟的后备兔具备繁殖后代的能力。后备兔达到性成熟的月龄和体重随品种、营养水平、气候条件等而有所不同。与其他畜禽一样,兔的性成熟要早于体成熟,一般在体成熟后才可初配,即体重达成年体重约 70%以上。

(四)及时预防接种

由于后备兔消化道已经发育完全,死亡率降低,抵抗力增加,对粗放性饲养的耐受力高。因此,容易造成后备兔不发病的错觉,特别是规模较小的养殖户,在管理上最容易忽视对后备兔的疫病防治,特别是兔瘟、巴氏杆菌病及螨虫等的防治工作。为提高后备兔的育成率,除严格执行兔的免疫程序和预防投药外,同样还要做好日常的消毒工作和冬、夏季的防寒保暖工作,使后备兔安全进入繁殖期。

七、肉兔生态快速育肥技术

商品肉兔从断奶至达到屠宰体重(2.5~3 千克)出栏这段时期称为育肥期。此期以提高增重,减少消耗为主。肉兔的快速育肥已成为肉兔生产中决定经济效益的重要一环,越来越受到重视。然而,肉兔养殖不能只看重经济效益,必须兼顾社会效益和生态效益。随着生态养殖观念的不断深入,肉兔的育肥技术也在不断发展和完善,概括起来主要有以下几点。

(一)选择优良品种和杂交组合

优良的肉兔品种具有生长快、饲养期短、饲料报酬高、肉质好、产仔多、效益好等优点,是实现理想育肥效果的重要保证。目前,主要采用纯种繁育、经济杂交和配套系进行育肥。在生产中,部分兔场选用优良品种直接育肥,如生长速度快的大型品种(如比利时兔、塞北兔、哈白兔、法国青紫蓝兔等)或中型品种(如新西兰兔、加利福尼亚兔等)进行纯种繁育,其后代直接用于育肥。也有部分兔场采用经济杂交,即用良种公兔和本地母兔或优良的中型品种交配,如比利时兔公兔×太行山兔母兔,塞北兔公兔×新西兰兔母兔,也可以3个品种轮回杂交。一般来说,国外引入品种与我国的地方品种杂交,均可表现一定的杂种优势。目前,生产商品兔的最佳形式是配套系,如德国的齐卡杂交配套系(三系配套)和法国的布列塔尼亚杂交配套系(四系配套)和伊拉配套系(四系配套),这些兔都表现出了良好的产肉性能,饲养至90天左右即可屠宰。育肥性能和效果优于单一品种和经济杂交。不足之处是目前我国配套系资源不足,而引进成本较高、饲养的集约化程度要求严格,所以仅在几个大型兔场饲养,大多数地区还不能实现直接饲养配套系。

(二)适宜的育肥环境

育肥效果在很大程度上取决于环境条件,育肥兔的适宜温度为10℃~25℃,在此温度下兔体维持需要的能量最低,能有更多能量用于育肥。适宜的相对湿度为60%~70%,利于减少粉尘污染,保持舍内干燥,还能减少疾病的发生。饲养密度根据温度及通风条件而定,若育肥兔饲养密度大,排泄量大,通风不良,会造成舍内氨气浓度过大,不仅不利于肉兔的生长,影响增重,还容易使其患呼吸道等多种疾病。兔舍夏季空气流速每秒不超过50厘米,冬季不超过20厘米。另外,在肉兔育肥期建议实行弱光,仅让兔子看到采食和饮水即可,减少光照能抑制性腺发育,延迟性成熟,促进生长,减少活动,避免咬斗。

(三)饲料供应安全优质

肉兔的育肥期很短,从仔兔断奶至出栏(体重2.5~3千克)一般用时50~60天,因此安全优质的全价颗粒饲料供应是物质基础。大多数兔场实行直线育肥法,即仔兔断奶后,不再以饲喂青饲料和粗饲料为主,而以较高营养水平的精饲料为主,日粮蛋白质17%~18%、能量10.47兆焦/千克以上,粗纤维12%左右,维生素、微量元素及氨基酸添加剂充足,以保证幼兔快速生长的营养需要。此外,饲料中合理添加新型饲料添加剂,如益生菌剂、酶制剂、酸制剂等,能够帮助消化,提高饲料利用率,且具有提高增重、改善肉质品质的作用。

在饲喂方法上,以自由采食为主。只要饲料配比合理,让兔自由采食、饮水,既可保持较高的生长速度,又不至于造成肉兔消化不良,比传统的定时、定量、少喂、勤添效果更好。

(四)科学的饲养管理技术

由于仔兔从断奶进入育肥生产需要面对环境和饲料的改变,顺利过渡非常关键。育肥期肉兔饲养管理要点:保证断奶体重,过好断奶关。断奶体重大的仔兔,断奶应激小,育肥期增重快。仔兔30天断奶时体重力争达到中型兔500克以上,大型兔600克以上。这就要提高母兔的泌乳力,调整好母兔哺育的仔兔数,抓好仔兔补料。断奶后最好保持原笼原窝,即采取移母留仔法。及时接种疫苗,定期驱虫。睾丸分泌的少量雄性激素会促进蛋白质的合成,加速兔子的生长,提高饲料利用率。去势伤口和药物刺激造成的疼痛,是对兔的不良刺激,会影响兔子的生长发育,不利于育肥。因此,小公兔不去势育肥效果更好。

(五)疾病的防控

肉兔育肥期易感染的主要疾病有球虫病、腹泻和肠炎、巴氏杆菌病及兔瘟。球虫病是育肥兔的主要疾病,尤以6~8月份多发。应采取药物预防、加强饲养管理和搞好卫生相结合的方法积极预防。预防腹泻和肠炎主要是在饲料中合理搭配粗纤维,搞好饮食卫生和环境卫生,必要时采用药物预防。预防巴氏杆菌病,一方面,要搞好兔舍的环境卫生和通风换气,加强饲养管理;另一方面,在疾病的多发季节适时进行药物预防。预防兔瘟,必须定期注射兔瘟疫苗。一般40日龄后每只皮下注射2毫升,可保护至出栏。通过笔者研究发现,家兔的常见病中,除兔瘟是非条件致病菌,需注射疫苗外,其他常见病多为条件致病菌,是可以通过合理日粮、做好饮食和环境卫生加以防控的,更符合生态养殖的现实意义。

(六)及时出栏和屠宰

育肥兔适时出栏和屠宰,能够有效减少饲料浪费,节省人工。出栏时间应根据品种、季节、体重和兔群表现而定。正常情况下,90日龄、体重达到2.5千克即可出栏。大型品种如比利时兔、塞北兔、哈白兔等,骨骼粗大,皮肤松弛,生长速度快,但出肉率低,出栏体重可适当大些(3千克左右);中型品种如新西兰兔、加利福尼亚兔,骨骼细、肌肉丰满,出肉率高,出栏体重可小些,达2.25千克以上即可。春、秋季节青饲料充足,气温适宜,肉兔生长较快,育肥效益高,可适当增大出栏体重。当兔群已基本达到出栏体重,而环境条件恶化(如多种传染病流行,延长育肥期有较大风险)时,应立即结束育肥,抓紧出栏。

八、肉兔的四季管理技术

家兔的生长发育与环境条件紧密相关。我国地域广阔,在日照、雨量、气温、湿度及饲料的品种、数量、品质等方面差异性很大。因此,应根据家兔的生物学特性、生活习性,在有利季节增产增效,在不利季节对家兔实行保护,并酌情创造一个良好的小环境,采取科学的饲养管理方法,确保家兔健康,充分发挥其生产潜力,促进养兔业的持续健康发展。

(一)肉兔的春季管理技术

春季气温逐渐回暖,空气干燥,阳光充足,青绿饲料渐多,是肉兔生长、繁殖的最佳季节。肉兔经过漫长的冬季,身体一般较瘦弱,加之春季的气候变化无常,容易发生多种传染病。春季饲养管理重点如下:

1. **保证饲料供应,抓好过渡** 补充适量的青绿饲料(萝卜、白菜或生麦芽)是提高种兔繁殖力的重要措施,主要提供维生素,增加食欲。春天采集的青草幼嫩多汁,适口性好,肉兔往往贪食。如果不控制喂量,肉兔胃肠不能适应青饲料,会出现腹泻,严重时造成死亡。因此,必须青干搭配,逐步过渡。同时,应注意不饲喂霉烂变质或带泥沙、堆积发热的青绿饲料。一些青菜如菠菜、牛皮菜等含有草酸盐较多,影响钙、磷代谢,繁殖母兔和生长兔要限制饲喂量。

春季是家兔的换毛季节,在日粮中应补加蛋氨酸,使含硫氨基酸达到0.6%以上。

2. **搞好卫生,预防疾病** 春季日照变长,天气渐暖,但是气温不稳定,尤其是 3 月份,很容易诱发家兔感冒、肺炎、肠炎等疾病。另外,春季雨水多,湿度大,各种病原微生物孳生。所以,一定要把防疫工作放在首要位置。首先,搞好环境卫生,保持兔舍干燥,通风良好,并定期消毒,至少进行 1~2 次火焰消毒,焚烧脱落的被毛。其次,要有针对性地预防投药,预防巴氏杆菌病、大肠杆菌病、感冒、口腔炎的发生。

3. 抓好春繁 家兔在春季的繁殖能力最强,公兔精液品质好,性欲旺盛,母兔发情明显,发情周期缩短,排卵数增多,受胎率高,是繁殖的黄金季节。应利用春季多配多繁,采用频密和半频密的繁殖方式,加大繁殖强度,连产 2~3 胎后进行调整,注意给仔兔及早补饲,增加母兔营养。如果冬季公兔较长时间没有配种,应采取复配或双重配,并在交配后 9~10 天及时摸胎检查,以减少空怀。对产仔较少、体况较好的母兔,在产后 1~2 天可进行血配,争取在春季多繁殖 1 胎仔兔。

(二)肉兔的夏季管理技术

夏季高温多湿,家兔全身被毛浓密,汗腺不发达,体温调节功能不完善,常因炎热而导致兔的食欲减退,抗病力降低,易患病死亡,尤其对仔兔、幼兔危害更大。肉兔夏季饲养管理主要措施如下:

1. 防暑降温 肉兔排汗能力差,难耐高温,这就要求注意防暑,加强通风换气,降低饲养密度,以改善空气质量。兔舍前后种植藤蔓类植物或搭建遮阳棚,避免阳光直射。有条件的兔场还可采用降温设备,如排风扇、湿帘、空调等。

2. 搞好环境清洁卫生 夏季蚊蝇孳生,寄生虫和病原微生物繁殖、传播快,易引起消化道疾病、球虫病、魏氏梭菌病、疥癣等病的流行,造成仔兔、幼兔大批死亡。因此,兔舍要保持清洁干燥,温度适宜(不超过 25℃),空气通风良好,粪便及时清扫,食具经常洗刷。对兔舍、场地、用具定期消毒,一般每周消毒 1 次为宜;常用消毒药物有 20%石灰乳或 2%热火碱水,或以 1∶2 000 的消特灵Ⅲ,交替使用效果好;兔舍门窗应安装细纱网,以防蚊蝇和老鼠侵进;对粪便及其他污物应在远离兔舍 150 米以外堆积发酵或直接放入沼气池。

3. **加强防疫工作**　夏季是兔球虫病、腹泻病、疥癣病爆发的季节,要以预防为重点,搞好防疫灭病工作。及时注射波—巴氏杆菌病二联苗、魏氏梭菌疫苗等,实行母仔分养,减少相互感染。坚持用药物预防球虫病。

4. **合理喂料和饮水**　合理搭配饲料,保证肉兔生长所需的营养。一是喂料时间适当调整,做到"早餐早,午餐少,晚餐饱,夜加草",把一天饲料的 80%安排在早晨和晚上。二是饲料种类适当调整。增加蛋白质含量,减少能量比例,尽量多喂青绿饲料。阴雨天为了预防腹泻,可在饲料中添加 1%~3%的木炭粉。三是喂料方法相应调整。饲喂粉料应湿拌,加水量不宜大,少喂勤添,一餐的饲料分 2 次添加,防止剩料发霉变质。每次喂料前要将饲槽内剩料清除干净。

夏季肉兔对水的需求增多,约为冬季的 2 倍以上。除了自由饮水以外,为了提高防暑效果,还可在水中加入 1%~1.5%的食盐;为了预防消化道病,可在饮水中添加一定的有益菌剂。

5. **控制繁殖**　夏季高温条件下,公兔精液品质明显降低,无精、死精增多,造成不育;母兔妊娠期代谢率高,产热多,散热困难,食欲不振,产后乳汁少,体质弱,胎儿发育不良,成活率低,易引发多种疾病,高温、高湿不利于仔兔成长。因此,夏季一般应暂停配种繁殖。如兔场条件允许,可以加设排风扇、湿帘或空调,将种兔舍温度控制在 28℃以下,也可适当进行配种繁殖。

（三）肉兔的秋季管理技术

秋季气候温和、干燥，饲料、青草资源丰富而且优质，种兔体况较好，仔兔成活率高，生长速度快，是家兔繁殖的黄金季节。因此，掌握好家兔秋季的配种、繁殖等管理技术，是提高产仔率的重要一环。抓好家兔秋繁，要做好以下几项饲养管理措施。

1. 抓好秋繁

（1）选优留种 做好秋季选留工作。选择品种纯正、体型大、体质健壮、抗病力强的优良种兔配种繁殖。种公兔性欲要旺盛，雄性强，睾丸发育正常，运动灵活；种母兔要求母性好，泌乳力强，产仔多。除留作种用以外，其他家兔一律抓紧育肥出栏。

（2）适时配种、抓紧繁殖 秋季是家兔繁殖的最好季节，母兔受胎率高，产仔数多，仔兔成活率高，因此应抓紧配种繁殖，以提高养兔效益。但此期繁殖障碍有两方面，一方面由于种公兔受到夏季高温的影响，睾丸功能低下，在些公兔睾丸内的精子全部死亡，有的暂时失去产生精子的能力，因此要对性欲低下、配种能力较差或营养不良的种公兔进行体况调整，以营养调控为主，适当加强运动；另一方面，由于繁殖和换毛同时进行，而换毛需要大量的营养，此时必须保证蛋白质营养和含硫氨基酸的供应。

此外，光照时间需保证 14 小时，可人工补充光照。肉用种公兔较长时间没有配种，应采取复配或双重配。

2. 科学饲养和饲料储备

入秋后应加强种兔的饲养，除了保证优质青饲料外，还应增加蛋白质饲料的比例，使蛋白质含量达到 16%~18%。对个别优秀种公兔，可在饲料中搭配 3% 左右的动物性蛋白质饲料（如鱼粉），以尽快改善精液品质，加速被毛的脱换，缩短换毛时间。种公兔要多喂一些富含维生素的青饲料，以提高其配种力；母兔要多喂消炎、解毒、通乳之类的饲料，如蒲公英、益母草等，以提高其受胎率。每日喂料要定时、定量，做到早餐早喂，晚餐迟喂,午餐少喂,午餐多喂青绿饲料,晚上加喂夜草,同时供给洁净充足的饮水。

秋季是收获季节,要根据兔场生产需要储备一定的草料,尤其是粗饲料,如青干草、花生秧、甘薯蔓、豆秸等,应及时晒干,妥善保存,防止其受潮发霉,导致变质。

3. 预防疾病 秋季气候多变,温度忽高忽低,昼夜温差较大,容易导致家兔呼吸道疾病,特别是巴氏杆菌病对兔群造成较大的威胁。此外,除做好日常的卫生消毒工作,还要加强常见疾病、寄生虫病的预防投药和治疗,同时做好兔瘟、巴氏杆菌等传染病的免疫接种工作。由于8~9月份是家兔集中换毛期,尘毛飞扬,如不及时处理,有可能被家兔误食而发生积累性毛球病。因此,用火焰喷灯消毒1~2次,把粘在笼上的兔毛焚烧,可起到防止兔子舔食和消毒的作用。

(四)肉兔的冬季管理技术

冬季气候寒冷,昼短夜长,青饲料缺乏,给肉兔养殖工作带来很多不便,因此,必须加强兔的冬季饲养管理,具体注意以下几点:

1. 加强防寒保温工作 冬季气温低,兔舍温度应保持相对稳定。气温在0℃以下时,要加强保温措施,兔舍门关闭,堵塞一切风洞,防止贼风侵袭,室外笼养的最好用塑料膜覆盖,笼门要挂上草苫进行保温,使舍温保持在5℃以上。同时,注意适时通风换气,确保舍内空气质量;及时清除粪尿,减少有害气体的产生。

2. 合理饲喂 冬季兔的热量消耗量大,要适量增加饲料供给。配合饲料时应适当提高玉米、大麦等能量饲料的比例。精饲料喂量要比其他季节多20%~30%,并适量加喂一些青绿多汁饲料,如胡萝卜、青菜叶等。少喂勤添,防止兔采食结冰剩料,做到"早饲宜早,晚饲要饱,夜间添草"。

3. 抓好冬繁 在能保证温度的情况下,冬繁的仔兔成活率相当高,而且疾病少。有效的冬繁保温方法有:塑料大棚法、地下或半地下舍冬繁法、母仔分离保温间法、火墙增温法、暖气增温法等。除此之外,还可加厚垫草,以增强产仔箱的保温效果。在生产中应尽量集中安排配种(诱导发情)、集中产仔(诱导产仔或人工催产),以方便母兔在人工护理下分娩。同时也要注意,冬季母兔较瘦弱,应适当延长空怀期,以利母兔体况恢复,不要搞血配。配种时间应注意选择晴天的中午,既可提高受胎率,又能增强公兔体质。

4. 预防疾病　冬季兔舍通风换气少,污浊气体浓度过高,特别是有毒有害气体如硫化氢、氨,对家兔黏膜(如鼻黏膜、眼结膜)产生刺激,使黏膜的防御功能下降,致病微生物乘虚而入发生炎症。主要疾病有传染性鼻炎,有时伴发急性巴氏杆菌病。目前,治疗鼻炎最好的药物是"鼻肛净"(由河北农业大学山区研究所研制)。但仅靠药物还是不能从根本上解决问题,必须加强通风换气,改善舍内环境。

九、肉兔的饲养管理经验

学习肉兔养殖技术,在掌握书本中理论知识的同时,吸收先进兔场的成功经验非常重要。本节将就肉兔的饲养管理经验做一介绍。

(一)饲养原则

根据肉兔的采食习性、生理阶段合理安排饲喂。生长兔以青粗饲料为主,精饲料为辅;育肥期适当提高精饲料比例,保证较好的生长速度;种公兔以保持体况为主,适当增加蛋白质饲料比例,保证精子质量;种母兔妊娠前期控制饲喂量,泌乳期提高营养水平,以改善泌乳力。更换饲料或增减喂量时要逐渐过渡,切忌突然更换。

饲喂要定时定量,以便于家兔形成定时采食和排泄的条件反射。饲喂次数、数量应根据品种、兔的月龄、不同生理状况、气候、粪便情况等做适当调整。幼兔消化力弱、生长发育快,就要少吃多餐。夏季饲喂要中餐精而少,晚餐吃得饱,早餐吃得早;冬季饲喂要晚上精而饱,早餐喂得早;粪便太干时,应多喂多汁饲料,减少干料喂量;雨季要多喂干料,少喂青绿饲料,以免引起腹泻。

(二)分群管理

肉兔在不同品种、不同生产方向、不同生理阶段和年龄,对环境要求不同,营养需要不同,易感疾病的种类不同,防控程序不同,因而饲养管理的重点也各不相同,规模化兔场最好实行分群管理。仔兔以提高成活率为主,育肥兔旨在达到理想的育肥效果,种兔以提高繁殖性能为目的,分群饲养便于实行程序化管理,提高养殖效率和效果。

(三)人员固定

兔场饲养人员必须固定,使饲养员熟悉家兔的采食习性,合理控制饲喂量,更容易与家兔建立亲和的感情,防止陌生人造成家兔不安。通过观察家兔的细微变化,及时发现病变,及早治疗。

(四)认真观察

日常观察是饲养管理的重要工作,在管理中要形成制度和习惯。家兔对疾病的抵抗力弱,预防疾病的最好的方法是防患于未然,勤观察可以发现个别家兔出现的异常,及时采取措施,从而预防疾病大面积扩散。在逐只加料的过程中,注意观察每只兔的精神状况、食欲情况、有无剩料以及粪便性状、是否发情,若发现情况,再由技术人员进行检查并做出处理。

(五)定期检查

根据家兔的不同生理阶段和季节进行定期检查,一般结合种兔的鉴定进行。检查的主要内容有:①重点疾病。如耳癣、脚癣、毛癣、脚皮炎、鼻炎、乳房炎和生殖器官炎症。②种兔体质。包括膘情、被毛、牙齿、脚爪和体重。③繁殖效果的检查。对繁殖记录进行统计,按成绩高低排列作为选种的依据。首先剔除出现有遗传疾病或隐性有害基因携带者,其次淘汰生产性能低下的个体和老弱病残兔,再次对配种效果不理想的组合进行调整。④生长发育和发病死亡。若生长速度下降明显应查明原因,改善措施。发病率和死亡率是否在正常范围,主要的疾病种类和发病阶段。

定期检查要及时记录作为历史数据,作为追溯依据。每年都要进行技术总结,填写本场的技术档案。重点疾病的检查一般每月进行 1 次,其他 3 种检查则保证每季度 1 次。

(六)合理安排作息时间

合理有效的工作安排应该是建立在对肉兔生活习性充分了解的基础上,家兔有昼伏夜行的习性,且耐寒怕热,所以白天应尽量少进出兔舍,将 1 天 70% 左右的饲料量安排在日出前和日落后添加;定时哺乳,时间尽量安排在母乳分泌最旺盛、乳汁积累最多的清晨;仔兔的管理、编刺耳号、产仔箱摆放和疫苗注射等应在管理工作的间隙进行;档案的整理应在每天晚上休息之前完成。

(七)把握生产时机

把握最佳配种时机:良种公兔适宜的配种年龄是 7 月龄,种母兔适宜的配种年龄是 6 月龄,本地品种分别提前 1 个月。认真观察母兔发情表现,当母兔外阴潮红时适时配种,公兔配种的最佳时间一般是早晨,每天最多配 2 次,母兔第一次交配结束后,间隔半小时再进行 1 次复配,这是提高母兔受胎率和产仔率的一个重要环节。

(八)控制环境因素

初生仔兔最适宜的温度为 30℃~32℃,成年兔为 10℃~25℃,相对湿度以 60%~65% 为宜。适宜的温度和湿度有利于肉兔的生长发育、性成熟及提高饲料利用率;适当通风调节兔舍内温、湿度,同时排出舍内的氨、硫化氢、二氧化碳等有害气体,减少呼吸道疾病的发生。此外,尽量保持环境安静,光线暗淡。

(九)注意卫生

卫生包括饲料卫生和环境卫生。饲料卫生要做到"七不喂",即有毒有害饲料不喂,带泥、带水和粪尿污染饲料不喂,霉烂变质饲料不喂,喷洒过农药、冰冻与带露水饲料不喂,发芽马铃薯、黑斑病甘薯不喂,生的豆类饲料不喂,尖刺草不喂幼仔兔。搞好兔场(舍)环境卫生,能够有效控制家兔的条件致病菌传播,减少疾病发生。兔舍要定期消毒,尤其是全进全出养殖方式下,一批兔群从兔舍中转移后,必须结合火焰喷烧和喷雾法(或熏蒸)进行彻底消毒。场内的污水池、贮粪坑、下水道出口应每月消毒。兔场、兔舍入口处的消毒池可使用烧碱或煤酚皂溶液等进行消毒。

第七章

兔肉加工技术

兔肉营养特点可归纳为"三高三低","三高"指的是高蛋白质、高赖氨酸、高消化率;"三低"指的是低脂肪、低胆固醇和低热量,属于营养保健食品(表 7-1),我国有着悠久的食用历史。我国兔肉总产量居世界首位,全世界兔肉年总产量 200 万吨左右,我国年产兔肉 40.9 万吨,几乎占世界兔肉总产量的 20%。健康、减肥风行的时代,兔肉的营养和保健作用满足了不同人群对于食物的特殊营养需求。

表 7-1 兔肉的营养特点

类　别	蛋白质 (%)	脂肪 (%)	赖氨酸 (%)	胆固醇 (%)	烟酸 (毫克/ 100 克)	消化率 (%)	热量 (千焦/ 100 克)	矿物质 (%)
兔　肉	21.37	8.0	9.6	6.5	12.8	85	677.16	1.52
鸡　肉	18.60	14.9	8.4	79	5.6	50	518.32	0.96
牛　肉	17.40	25.1	8.0	106	4.2	55	1258.18	0.92
羊　肉	16.35	19.4	8.7	70	4.8	68	1099.34	1.19
猪　肉	15.54	26.7	3.7	126	4.1	75	1287.44	1.10

一、肉兔的屠宰

(一)宰前准备

1. **检查** 为了保证兔皮、兔肉等兔产品的质量,屠宰时对候宰兔必须进行健康检查。对于病兔或可疑病兔应及时隔离,并按最新国家标准《畜禽病害肉尸及其产品无害化处理规程》,对不同病兔做出相应的妥善处理。

2. **饲养** 对于等待屠宰的兔子,分笼小群饲养,保证休息,减少运动和应激。除了饲喂适量的配合饲料外,还应添加一定的助消化和抗应激药物。

3. **停食** 宰前 8~12 小时停止喂料,仅供给饮水。这样不仅有利于屠宰操作,保证产品质量,还节约饲料。

(二)致 死

致死包括击昏与放血两个步骤。

1. **击昏** 击昏的目的是使临宰兔暂时失去知觉,减少和消除屠宰时的挣扎和痛苦,便于屠宰时放血。目前,常用的击昏方法有以下几种。

(1)**电击法** 俗称"电麻法",是正规屠宰场广泛采用的击昏法。该法使电流通过兔体麻痹中枢神经,同时刺激心跳活动,可缩短放血时间,提高劳动效率。"电麻器"常用双叉式,类似长柄钳,适用电压为 40~70 伏(V),电流为 0.75 安(A)。使用时先蘸取 5%盐水,插入耳根后部,使兔触电昏倒。

(2)**机械击昏法** 此法广泛用于小型肉兔屠宰场和家庭屠宰加工。该法通常用右手紧握候宰兔的两后腿,使兔头下垂,用木棒或铁棒猛击兔的后脑,使其昏厥毙命。棒击时应迅速、熟练,否则不仅达不到击昏的目的,而且容易因兔骚动而发生危险。

(3)**颈部移位法** 此法比较适用于小型屠宰加工厂和家庭屠宰加工。该法要点是一手抓住兔的两后肢,另一手大拇指按住兔两耳根后边延髓处,其余四指按住下颌部,然后两手猛用力一拉并使兔头向后扭,便可使颈椎脱位致昏。

另外,还可耳静脉注射空气 5～10 毫升,使血液形成栓塞致死,也可灌服少量食醋,因兔对食醋非常敏感,短时间内即可引起心脏衰竭、呼吸困难而致昏。

2. **放血** 兔被击昏后应立即放血。目前,最常用的放血法是颈部放血法,即将击昏的兔倒挂在钩上,用小刀切开颈动脉进行放血。放血应充分,时间不少于 2 分钟。放血充分的胴体,肉质细嫩,含水量少,容易贮存;放血不全时,肉质发红,含水量高,贮存困难。

3. **剥皮** 小规模生产,多采用手工或半机械化剥皮。即将放血后的兔倒挂,然后将前肢腕关节和后肢跗关节周围的皮肤环切,再用小刀沿大腿内侧通过肛门把皮肤挑开,接着分离皮肉,再用双手紧握兔皮的腹部、背部向头部方向翻转拉下,犹如翻脱袜子,最后抽出前肢,剪掉耳朵、眼睛和嘴周围的结缔组织和软骨,至此一个毛面向内、肉面向外的筒状鲜皮即被剥下。在剥皮时应注意不要损伤毛皮,不要挑破腿肌和撕裂胸腹肌。规模较大的兔场可采用剥皮机剥皮。剥下的鲜皮应立即理净油脂、肉屑、筋腱等,然后用利刀沿腹部中线剖开为"开片皮",毛面向下、板面向上伸开铺平,置通风处晾干。做到剥皮时手不沾肉、毛不沾肉。

4. **断肢去头、尾** 随后,在前颈椎处割下头,在跗关节处割下后肢,在腕关节处割下前肢,在第一尾椎处割下尾巴。

5. **剖腹净膛** 屠宰剥皮后应剖腹净膛,先用刀切开耻骨联合处,分离出泌尿生殖器官和直肠,然后沿腹中线打开腹腔,打开腹腔时下刀不要太深,避免开破脏器,污染肉尸,取出除肾脏外的所有内脏器官。在取大肠、小肠时,用手指按住腹壁及肾脏,以免腹壁脂肪与肾脏连同大肠、小肠一并扯下。在取出脏器时,还应进行检验,主要注意其色泽、大小以及有无淤血、充血、炎症、脓肿、肿瘤、结节、寄生虫和其他异常,特别要注意蚓状突和圆小囊上的病变。及时发现球虫病和仅在内脏部位的豆状囊尾蚴、非黄疸性黄脂兔,肉尸不受限制;凡发现结核、假性结核、巴氏杆菌病、黏液瘤、黄疸、脓毒症、坏死杆菌病、李氏杆菌病、副伤寒、肿瘤和梅毒等疾病,一律另作处理。

6. 胴体修整　经宰杀、剥皮和净膛后的兔屠体,需进一步按商品要求整修。首先去除残余的内脏、生殖器官、腺体和结缔组织。另外,还应摘除气管、腹腔内的大血管,除去屠体表面和腹腔内的表层脂肪。最后用水冲洗屠体上的血污和浮毛,沥水,冷却。修整的目的是为了达到洁净、完整和美观的商品要求。

二、鲜兔肉的加工

鲜肉是易腐败食品,处理不当,就会变质。肉类及其制品的腐败变质主要由以下 3 种因素引起:微生物污染及其生长繁殖、脂肪氧化酸败、肌红蛋白的气体变色。为了延长肉的保鲜期,不仅要改善原料肉的卫生状况,而且要采取措施阻止微生物生长繁殖。为达此目的,或直接改变肉的物理化学特性(如干制、腌制),或控制肉的贮存条件。

(一)冷却保鲜

冷却保鲜是常用的肉和肉制品保存方法之一。这种方法将肉品冷却到 0℃左右,并在此温度下进行短期贮藏。由于冷却保存耗能少,投资较低,适宜于保存在短期内加工的肉类和不宜冻藏的肉制品。

1. **肉的冷却**　刚屠宰的胴体温度一般 38℃~41℃。肉的冷却目的就是使肉的温度迅速下降,使微生物在肉表面的生长繁殖减弱到最低程度,并在肉的表面形成一层皮膜,减弱酶的活性,延缓肉的成熟时间;减少肉内水分蒸发,延长肉的保存时间。肉的冷却是肉的冻结过程的准备阶段。

肉冷却方式有空气冷却、水冷却、冰冷却和真空冷却等。我国主要采用空气冷却法,即通过各类类型的冷却设备,使室内温度保持在 0℃~4℃。冷却时间决定于冷却温度、湿度和空气流速,以及胴体大小、肥度、数量、胴体初温和终温等。

2. **冷却肉的贮藏**　经过冷却的肉类,一般存放在 -1℃~1℃的冷藏间(或排酸库),一方面可以完成肉的成熟(或排酸),另一方面可以达到短期贮藏的目的。冷藏期间温度要保持相对稳定。进肉或出肉时温度不得超过 3℃。相对湿度保持在 90% 左右,空气流速保持自然循环。冷却肉在贮存过程中,脂肪的氧化程度直接决定着冷却肉的感观品质。导致脂类氧化的最主要因素是肌内多不饱和脂肪酸水平,而相比于其他肉类,兔肉的不饱和脂肪酸含量比较高,更容易脂肪氧化。快速冷却的脂肪氧化作用显著低于常规冷却。

3. **冷却肉的冻结**　不同的低温条件下,兔肉的冻结程度不同,新鲜兔肉中的水分在 -0.5℃~-1℃ 时开始冻结、-10℃~-15℃ 时完成冻结。速冻时间一般不超过 72 小时,测试肉温度达 -15℃ 时即可转入冷藏。为加快降温,采用开箱速冻法,可使原先 72 小时的速冻时间压缩到 36 小时,既节电,又可提高冷冻兔肉品质。

肉类的冷冻方法多采用空气冷冻法、板式冻结法和浸渍冻结法。其中,空气冻结法最为常用,根据空气所处的状态和流速不同,又分为静止空气冻结法和鼓风冻结法。

(1)静止空气冻结法　这种冻结方法是把食品放入 -10℃~

-30℃的冷结室内,利用静止冷空气进行冻结。

(2)板式冻结法　这种方法是把薄片状食品(如肉排、肉饼)装盘或直接与冷却室中的金属板架接触,冻结室温度为-10℃～-30℃。由于金属板直接作为蒸发器,传递热量,冻结速度可比静止空气冻结法快、传热效率高、食品干耗少。

(3)鼓风冻结法　工业生产中普遍采用的方法是在冻结室或隧道内安装鼓风设备,强制空气流动,加快冷冻速度。鼓风冻结常用的工艺条件是:空气流速一般为 2～10 米/秒,冷空气温度为-25℃～4℃,空气相对湿度为 90%左右。

(4)液体冻结法　一般常用液氮、食盐溶液、甘油、甘油醇和丙烯醇等。缺点是食盐水常引起金属槽和设备腐蚀。

(二)兔肉的冻藏

冻肉冷藏的主要目的是阻止冻肉的物理化学变化,以达到长期贮藏的目的。冻肉品质的变化不仅与肉的状态、冻结工艺有关,与冻藏工艺也密切相关。温度、湿度和空气流速是决定贮藏期和冻肉质量的重要因素。

冻藏间的温度一般保持在-18℃～-21℃,温度波动不超过±1℃,冻结肉的中心温度保持在-15℃以下。为减少干耗,冻结间空气相对湿度应保持在 95%～98%。空气流速采用自然循环即可。冻肉在冷藏室内的堆放方式也很重要。胴体肉可堆叠成约 3 米高的肉垛,周围空气流畅,避免胴体直接与墙壁和地面接触。对于箱装的塑料袋小包装分割肉,堆放时也要保持周围有流动空气。兔肉在温度-18℃～-23℃,湿度 90%～95%条件下可贮藏 4～6 个月。生产实践中要根据肉的形状、大小、包装方式、质量、污染程度及生产需要等,采取适宜的解冻方法。

（三）辐射保鲜

食品辐射保藏就是利用原子能射线的辐射能量对新鲜肉类及其制品、粮食、果蔬等进行灭菌、杀虫、抑制发芽、延迟后熟等处理，从而最大限度地减少食品的营养损失，并在一定期限内不腐败变质，延长食品的保藏期。

食品辐射是一种冷杀菌处理方法，食品内部不会升温，所以这项技术能最大限度地减少食品的品质和风味损失，防止食品腐败变质，从而达到延长保存期的目的。辐射保鲜的基本工艺流程为：

前处理→包装→辐射及质量控制→质检→运输→保存

1. 前处理 辐射保藏的原料肉必须新鲜、优质、卫生条件好，质量合格，原始含菌量、含虫量低。

2. 包装 屠宰后的胴体必须剔骨，去掉不可食部分，然后进行包装。包装的目的是避免辐射过程中的二次污染，便于贮藏、运输，包装可采用真空或充入氮气。

3. 辐照 常用辐射源有 ^{60}Co、^{137}CS 和电子加速器 3 种，^{60}Co 辐射源释放的 γ 射线穿透力强，设备较简单，因而多用于肉品辐照。

4. 辐照质量控制 这是确保辐照加工工艺完成的不可缺少的措施。影响辐射效果的因素很多。辐照剂量起决定作用，照射剂量大，杀菌效果好，保存时间长。此外，原料肉的状态、化学制剂的添加及辐照后保存方法等对辐照效果都有很大影响。

辐射对蛋白质、脂肪、碳水化合物、一些微量元素和矿物质影响非常小，但是某些维生素对辐射较敏感。由辐射引起的维生素辐射损失量受辐射剂量、温度、氧的存在和食品类型等因素影响。采取一些保护措施，如真空包装、低温照射或贮存等，可以有效减少损失。

(四)肉的真空保鲜

真空包装是指除去包装袋内的空气,经过密封,使包装袋内的食品与外界隔绝。在真空状态下,好气性微生物的生长减缓或受到抑制,减少了蛋白质的降解和脂肪的氧化腐败。经过真空包装,会使乳酸菌和厌气菌增殖,使 pH 值降低至 5.6~5.8,近一步抑制了其他菌,因而延长了产品的贮存期。真空包装材料要求阻气性强、遮光性好、机械性能高。

(五)肉的气调包装

气调包装是指在密封性能好的材料中装入食品,然后注入特殊的气体或气体混合物(氧气、氮气、二氧化碳),密封,使食品与外界隔绝,从而抑制微生物生长,抑制酶促腐败,从而达到延长货架期的目的。气泡包装可使鲜肉保持良好色泽,减少肉汁渗出。

(六)肉的化学贮藏

肉的化学贮藏主要是将化学合成的防腐剂和抗氧化剂应用于鲜肉和肉制品的保鲜防腐,与其他贮藏手段相结合,发挥着重要的作用。常用的这类物质主要包括有机酸及其盐类(山梨酸及其钾盐、苯甲酸及其钠盐、乳酸及其钠盐、双乙酸钠、脱氢酸钠及其钠盐、对羟基苯甲酯类等)、脂溶性抗氧化剂(丁基羟基茴香醚 BHA、二丁基羟基甲苯 BHT、特丁基对苯二酚 TBHQ、没食子酸丙酯 PG)和水溶性抗氧化剂(抗坏血酸及其盐类)。

(七)天然物质用于肉类保鲜

α-生育酚、茶多酚、水溶性迷迭香提取物、黄酮类物质等天然物质具有防腐和抗氧化性能,在肉类防腐保鲜方面的研究方兴未艾,代表着今后的发展方向。

三、兔肉制品的加工

我国兔肉产品种类多为初级加工产品和传统中式制品,大致可分为兔肉冷冻制品、兔肉罐藏制品、兔肉干制品和兔肉酱卤制品。国外的西式兔肉制品有兔肉生鲜肠、兔肉发酵肠和兔肉粉肠。

中式兔肉制品具有中国民族特色,主要以腌腊制品、酱卤制品(酱麻辣兔、甜皮兔、五香卤兔和酱焖野兔等)、烧烤制品(蚝香烤兔和奶香烤兔等)和干制品(太仓式兔肉松、麻辣风味兔肉松、五香兔肉干、麻辣兔肉干等)等为代表的 9 大类 500 多个品种。

1. **腌腊制品**　腌腊制品以其悠久的历史和独特的风味而成为中国传统肉制品的典型代表,在漫长的发展过程中形成了一种独特的加工工艺和产品特性,是一种典型的半干水分食品,其水分活度为 0.60~0.90,具有良好的耐贮性。

(1)腌制原理

①食盐、硝酸盐和亚硝酸盐的防腐作用　一定浓度的盐溶液能抑制多种腐败微生物的繁殖,具有防腐作用。硝酸盐和亚硝酸盐在兔肉腌制过程中既有发色的作用,又有抑菌防腐作用,特别是对肉毒梭菌的生长繁殖具有明显的抑制作用。但是腌肉中亚硝酸盐残存超过一定量,会对人体健康产生较大的危害。

②微生物发酵的防腐败作用　在兔肉制品腌制过程中,由于微生物代谢活动降低了 pH 值和水分活度,使肉品得以保存的同时改变了原料的质地、气味、颜色和成分,并赋予产品良好的风味。

③调味香辛料的防腐作用　很多调味香辛料具有抑菌或杀菌作用,如胡椒、花椒、生姜、丁香和小茴香等均具有一定抑菌效力,有利于腌肉的防腐保质。

(2)腌制作用

①呈色作用　研究表明,在腌制过程中肌红蛋白在亚硝酸盐

的作用下生成亚硝基肌红蛋白,是腌制呈色的主要原因,亚硝基肌红蛋白是构成腌肉颜色的主要成分,它是在腌制过程中经过复杂的化学变化而形成的。在腌制过程中,加入食品微生物,如乳酸菌等也可增强发色,从而减少硝酸盐、亚硝酸盐的利用。

②成味作用 腌制品中的风味物质,有些是肉品原料和调料本身所具有的,而有些是在腌制过程中经过物理、化学、生物变化产生和微生物发酵形成的。腌肉的特殊风味是由蛋白质的水解产物,如组氨酸、谷氨酸、丙氨酸、丝氨酸、蛋氨酸等氨基酸和亚硝基肌红蛋白共同形成的。此外,腌肉中正常微生物丛的作用也参与腌制品的主体风味。

③咸味形成 经腌制加工的原料肉,由于食盐的渗透扩散作用,使肉内外含盐量均匀、咸淡一致,增加了风味。

(3)腌制方法 一般腌腊制品的腌制方法分为干腌(即盐腌)、湿腌(腌液腌制)、混合腌制和盐水注射腌制等几种方法。

①干腌法 干腌法是用食盐、硝酸盐或亚硝酸盐、糖和调味香料的混合物均匀涂擦在肉块表面,然后置于容器中。在整个处理过程中不加入水。干腌法的优点是操作简单,设备要求不高,制品较干,易于保藏,营养成分流失少,腌制时肉品蛋白质流失量为0.3%~0.5%。干腌法的缺点是腌制时用盐量难以控制,组织含盐量不均匀,产品质量不稳定,并且大多咸度较大,失重较多,卫生状况难以控制,劳动强度较大。

②湿腌法 用腌制溶液或盐溶液浸泡腌制肉品,即在容器内将肉品浸没在预先配制好的腌制液或盐溶液中,并通过扩散和水分转移,促使腌制剂渗入肉品内部,直至其浓度和腌制液浓度平衡为止。湿腌法的优点是渗透速度快,盐水分布均匀,剂量准确,产品质量稳定,劳动强度不大,适宜于工业化生产。湿腌法的缺点是产品水分含量较高,肉汁流失较多,腌制原料浪费较大。湿腌法一般6~24小时可达到腌制效果,一般腌制用的盐溶液相对密度为

1.116~1.142,温度以10℃~18℃为佳。

③混合腌制法 混合腌制法是将干腌法与湿腌法有机地结合起来,达到良好的腌制效果。混合腌制法的优点是可防止产品脱水严重,减少营养成分的损失,具有良好的保藏效果。要注意防止深层肉品的腐败变质。因此,在混合腌制时应注意腌制温度,一般控制在15℃以下为宜。

④注射腌制法 注射腌制法是通过一定的方式,直接将腌制溶液注入肌肉,使其快速渗入肌肉深部的一种腌制方法。

2. 酱卤制品

(1)加工原理 肉经食盐、酱料(甜酱或酱油)腌制、酱渍后,再经脱水(风干、晒干、烘干或熏干等)而加工制成的生肉类制品,食用前需要煮制熟化。酱(卤)肉类具有独特的酱香味,肉色棕红。

酱卤制品加工的一个重要过程是调味。选用优质调味料与原料肉一起加热煮制或红烧,奠定产品的咸味、鲜味和香气,同时增进产品色泽和外观。

煮制是对原料肉进行热加工的过程,加热方式有用水、蒸汽、油炸等,因此煮制在酱肉制品加工中包括清煮(又叫白烧)和红烧。清煮和红烧,可形成肉品硬度、质感、弹力等物理变化,使制品可以切成片状,使制品产生特有的风味和色泽,并达到熟制的目的;同时,煮制也可以杀死微生物和寄生虫,提高制品的贮藏稳定性和保鲜效果。

(2)加工工艺 步骤简单介绍如下。

原料选择。原辅料主要为兔肉、水溶卤味香料(自产)、食用盐、白砂糖、味精、料酒、植物油、磷酸盐、酱油。选择新鲜或冷冻兔肉,必须是按规定屠宰合格的兔肉。

解冻与清洗。水温控制在1℃~5℃,室温控制在15℃,必须完全解冻。

腌制。所有配料按比例准确称量后,溶解于水中,兔肉完全浸没于腌制水中。

预煮。兔肉预煮后沥干,取出冷却。

卤制。用腌制卤水直接卤煮,将装有兔肉的卤水烧沸约 10 分钟,恒温煮制 30 分钟,然后浸泡。

定型干燥。将卤熟后的兔肉放在工作台上定型和干燥。

包装杀菌。将冷却后的兔肉,包装后杀菌。杀菌分为低温杀菌和高温杀菌,低温杀菌温度为 88℃,保温约 30 分钟;高温杀菌温度为 121℃,保温约 15 分钟,杀菌后及时在流动冷却水中冷却 50 分钟左右,中心温度达到室温以下方可出锅。

检验。经过高温高压杀菌兔肉在 37℃ 温度下放置 10 天,检查是否出现胀袋、破袋和渗漏等现象,并检测其理化指标和微生物指标,均合格后即为成品。低温杀菌者应冷藏保存。

3. 兔肉干制品

(1)加工原理 兔肉经腌制、洗晒、干燥等工艺加工而成的生肉类制品,食用前需经熟化加工。干燥兔肉要求空气温度 10℃ ~ 12℃、相对湿度 75% 为宜。在干燥过程中,物料中的芳香物质和挥发性呈味物质会随水分散逸到外部介质中去,同时食品组分与空气中的氧可能发生化学变化,使干制过程复杂化。而利用高真空度和冷冻干燥法不会引起生物活性物质,如酶、激素、维生素、抗生素的钝化和香味物质的变化。

(2)肉类干制的方法 随着食品加工技术的进步,目前肉类干制的方法主要有自然干燥、加热干燥和冷冻升华干燥等。

①自然干燥 自然干燥法条件简单、费用低,但受自然条件的限制,温度、湿底很难控制,卫生条件差,只是对某些产品的辅助工序中采用,如风干香肠的干制等。

②焙炒干制 属于热传导干制或间接加热干燥。通过热空气、水蒸气等热源,兔肉可以在常压或真空状态下干燥。肉松的加工就是用此干燥的。

③烘房干燥 烘房干燥属于对流热风干燥或直接加热干燥。它是以高温的热空气为热源,借对流传热将热量传递给物料,物料中的水分向热空气蒸发,热空气既是热载体又是湿载体。对流干燥空气的温度、湿度容易控制,物料不致产生过热现象,但热利用率较低。大多数传统的肉类干制品如肉干、肉脯、干制香肠等一般都采用该法干燥。

④冷冻升华干燥 将处于冻结状态的兔肉置于密封并保持真空状态的容器中,使肉中的水分直接升华为蒸汽,使物料脱水干燥。冷冻生化干燥速度快、温度低,能最大限度地保持肉的成分和性质,很少发生蛋白质的变性,产品复水性好。该法设备复杂,投资大,一般用于脱水汤料制品、军需及特许产品的生产。

(3)加工工艺

①原料验收 新鲜兔肉、香辛料(大茴香、小茴香、香叶、桂皮、辣椒和花椒)、调味料(盐、谷氨酸钠、白糖、食用油)等原料的质量需达到要求。

②配料 见表7-2和表7-3。

表7-2 五香风味 (单位:千克)

原 料	用 量	原 料	用 量
兔 肉	100	食 盐	2
酱 油	6	白 糖	8
黄 酒	1	生 姜	0.25
香 葱	0.25	五香粉	0.25

表 7-3　麻辣风味　（单位:千克）

原　料	用　量	原　料	用　量
兔　肉	100	食　盐	1.2
酱　油	14	味　精	0.2
白　糖	0.4	甘草粉	0.36
姜　粉	0.2	辣椒粉	0.4

③烘烤　将沥干后的肉片或肉丁平摊在钢丝网上,放入烘房或烘箱,温度控制在 50℃~60℃,烘烤 4 小时左右。为了均匀干燥,防止烤焦,在烘烤过程中应及时翻动。

④冷却及包装　肉干烘好后,应冷却至室温,采用真空包装,防止氧化和霉菌的生长。

4. 兔肉烧烤制品　烧烤制品是原料经预处理、腌制、烤制等工序加工而成的一类肉制品。烧烤制品色泽诱人、香味浓郁、咸味适中、皮脆肉嫩,是非常受欢迎的特色肉制品。

加工工艺如下:

原料选择:选用肥嫩健壮的活兔。

预处理:活兔经宰杀、剥皮、去掉内脏,洗净并控去水分,晾干。

腌制液配方:以白条兔肉 10 千克计,大茴香 10 克、花椒 3 克、丁香 1 克、白芷 2 克、食盐 40 克、蜜汁适量。辅料放入锅中煮制,直至煮成卤汁。

腌制:将兔体浸入卤汁中,腌制至少 24 小时,使料味浸透兔肉,最后将腌好的兔体捞出、晾干和整形。

烤制:将整形好的兔体表面涂匀蜂蜜汁,放入烤炉中烤制,时间应视兔肉老嫩而定,待烤制至黄中透红时即成。

第八章

兔病防控技术

一、兔场防疫技术

兔病特别是一些传染病常给规模化兔场造成巨大的经济损失,只有坚持"预防为主,防重于治"的原则,结合本场实际情况,采取综合防治措施,有效地控制疾病,才能实现养兔的经济效益。

(一)科学的饲养管理

1. **创造良好的饲养环境** 良好的饲养环境是养好兔的前提条件之一。兔场应远离污染源、噪声源,与居民区距离至少1 000米。应建在地势高、水质优良、排水良好、环境安静的地方。兔舍要清洁干燥、通风良好、温度适宜、采光良好,日常管理中应注意冬季防寒、夏季防暑、雨季防潮,并保持兔舍环境安静。兔场周围建植防疫林带,兔舍间距利于防疫。

2. **科学配料、合理饲喂** 肉兔草料不能从疫区购买,储备要充足,实现全年营养均衡,原料就近取材,降低饲料成本。严禁使用发霉变质饲料、劣质饲料、有毒饲料及被毒物或病原微生物污染的饲料。更换饲料应有5~7天的过渡适应期。饲喂要供给充足的清洁饮水。许多兔场还采用配合颗粒饲料,对养兔业的发展起了极大的促进作用。

3. 加强饲养管理　制定饲养管理程序并严格遵守。对饲养员进行责任心和技术培训,制定合理的奖罚制度,稳定人员。

4. 坚持自繁自养　为了防止疾病的侵入,兔场最好坚持自繁自养。选择本场抗病力强、生产性能优良的公、母兔,经科学选育选配产生的后代作种兔,建立一定数量的健康种群,作为繁育核心群。需要从外地引入种兔时,从非疫区、正规种兔场引入。种兔生产档案要求齐全,如品种血缘、配种记录、免疫接种情况、病史与用药记录、饲料与饲喂记录等。对种兔进行产地检疫,引入后在隔离区隔离观察饲养 1 个月以上,经检疫、检查确为健康者,并进行相应的免疫接种(未进行免疫接种者)、驱虫、消毒后方可进场混群饲养。

(二)制定合理的卫生防疫制度

1. 科学选址、合理布局　是兔场建设之初首先考虑的问题,对兔场防疫和饲养管理影响很大。

2. 建立防疫制度,严格执行　制定车辆进出场消毒制度、人员消毒制度。外来人员不得进入生产区,进入生产区的人员、器具等必须严格消毒,种兔饲养区内不得有人员居住。饲养人员、技术人员进入种兔生产区须按要求更换工作服、鞋,洗手,脚踏消毒池后方可进入,每栋兔舍配备专用工作服、鞋,不得混用;饲养员、饲料加工人员休假或外出参观畜禽饲养场,特别是养兔场后,须在生活区更衣换鞋,严格消毒;场外疫病流行时,停止接待疫区来访人员,本场人员也应避免外出。

3. 检测疫情,及时扑救　日常管理中认真观察兔群及个体饮食、排泄、行动、呼吸、睡眠、鼻分泌物、被毛等情况,做到早发现、早预防。做好检疫、隔离、消毒、预防接种或药物治疗等工作,及时控制与扑灭疫情。

4. 严格执行消毒和预防工作

（1）消毒制度　消毒是综合性预防措施中的重要一环，目的在于消灭病原体，切断传染途径，防止疾病继续蔓延。选择消毒剂及消毒方法时必须考虑病原体的特性、被消毒物体的特性和经济价值等。

兔场的入口须设有石灰盘或消毒药液槽，常用消毒药物有1%～3%火碱溶液、10%～20%石灰乳、5%来苏水等；更衣室用紫外线灯消毒；兔场、兔舍、兔笼及用具按先消毒后打扫、冲刷、再消毒、再冲刷的原则，定期消毒；工作服等使用肥皂水煮沸消毒或高压蒸汽消毒；注射器械可用煮沸或高压蒸汽消毒；饲料库使用40%甲醛熏蒸的方法消毒，粪便及垫草可采取焚烧、深埋或生物堆积发酵消毒；病死兔的尸体、污物应运到远离兔场的地方焚烧或深埋。

（2）免疫接种和预防用药　兔病应以预防为主，特别是规模兔场。对重大传染病必须进行免疫预防或药物预防。传染性疾病一般发病急，危害大，有些传染病目前尚没有特效治疗药物与方法。因此，防疫、免疫接种是兔场预防、控制和扑灭家兔传染病的必要措施。针对传染病疫苗的特性和幼兔母源抗体的状况，制定合理的初次免疫日龄和免疫间隔时间。预防接种要严格按照疫苗的质量、剂量、时间、次数和注射方法的要求操作，使其发挥效果。

定期或不定期地在饲料或饮水中加入一定量的药物进行全群预防，可有效地预防或减少细菌性疾病和寄生虫病的发生。长期使用抗菌药或抗寄生虫药物时，要注意几种药物交替使用，以免产生耐药性或抗药性，影响使用效果。必要时可进行药敏试验，选择敏感药物，以保证使用效果。预防用药时注意药物的种类、性能、有效浓度、使用剂量、使用方法、不良反应、中毒剂量、注意事项、保质期限、连续使用期限及安全停药期限等。参考免疫程序！

二、兔病诊断技术

疾病诊断是为了准确判断疾病的种类和病因,是预防和治疗疾病的基础。诊断疾病需要专职兽医通过观察症状、剖检,借助仪器分析等做出判断。

(一)流行病学调查

流行病学检查的目的是为了清楚地认识疫情表现,摸清传染病的病因及传播规律,利于及时做出诊断并采取合理的防治措施,以期迅速控制传染病的流行。

1. **询问调查**　询问调查是流行病学调查最基本、最主要的方法之一,询问对象涉及养殖户主、饲养人员、诊治兽医等疫病知情者。发生兔病时首先应了解当地兔场以及本场以往及本次发病情况,包括发生时间、地点、传播蔓延范围与速度,发病的品种、年龄、性别、数量、发病率、死亡率、发病经过(急性或慢性)、诊断与治疗情况,治疗效果,以往有无类似病情发生,本场本次发病与周围兔场或本场以往发病有无关系,本场饲养管理条件及环境因素有无变化,饲料来源、品种、品质有无改变,发病兔群的实际免疫程序,疫苗种类、质量、用法、用量、实际免疫效果,饲养管理和卫生消毒措施及实施情况,预防用药的时间、品种、剂量、方法、效果等。然后综合分析以上情况,判断本场本次发病的性质(是传染病还是普通病)及可能引发的病因,为进一步诊断治疗打好基础。

2. **现场查看**　必要时有关医疗人员要亲临兔场、兔群,了解兔场环境,观察兔群整体营养水平、精神状况、群体采食、饮水及排粪排尿情况,有无异常行为变化,确定病兔所占比例,选取与大多数病兔变化一致的病兔,进行检查诊断。

3. **查验相关资料**　包括染病养殖场疫苗接种记录、防病用药记录等。

4. **实验室检查** 实验室检查是疫病确诊的关键环节,通过实验室检查可进一步验证传播途径、发现传染源。常用的实验室检查方法有血清学检查、尸体剖检、病理组织学检查、病原学调查等。此外,为了确定外界环境因素在流行病学上的作用,还可进一步收集患病群体所在养殖区域常用的土壤、水源、饲料、动物产品等,进行实验室检查,对判定传播媒介及传染源大有帮助。此外,对于某些动物疫病,采用血清学检验调查群体免疫水平,效果更加明显。

5. **数据统计** 在上述各项工作基础上,对调查数据做比较分析,可进一步确诊疫情,为制定防疫措施奠定数据支持。可依据统计学方法,整理分析禽畜发病数、死亡数、屠宰头数、预接种头数等。

(二)临床检查

1. 一般检查

(1)营养状况 营养不良的肉兔表现为消瘦、骨骼显露、肋骨可数、被毛粗糙无光,皮肤干燥无弹力,或用手摸兔的脊骨呈粒粒凸出的算盘珠状,身长、体重与年龄明显不符,躯体矮小、瘦弱无力,体长扁、肢细长。

临床意义:营养不良常见于消化系统疾病及各种消耗性疾病,如各种肠炎、肝炎、寄生虫病、结核等。恶病质常见于急性腹泻及烈性传染病。生长缓慢常见于先天性营养不良、佝偻病等症。

(2)精神状态 病兔精神表现为沉郁、低头、不动、眼神呆滞、迟钝、嗜睡、卧下不动。

临床意义:各种急慢性疾病都可导致兔精神委靡,病情严重恶化时出现精神沉郁。嗜睡常见中枢神经抑制性疾病,如假单胞菌病、仔兔轮状病毒感染等。昏迷常见于急性脑中毒、脑炎和肉兔临死前的表现。精神亢进与狂躁属神经中毒引起的刺激,兔瘟临死

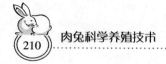
前这种表现最为典型。

2. 系统检查

（1）呼吸系统检查

①呼吸 正常状态应为呼吸平稳自然,频率为 40~60 次/分钟,呼吸方式为胸腹协调式。病例状态下表现为呼吸短促、呼吸困难,或者是腹式呼吸(呼吸时腹壁运动比胸部运动明显)和胸式呼吸(呼吸时胸部运动比腹部运动明显)。

临床意义:呼吸短促常见于急性肺炎早期和其他一些急性传染病,常伴有发热症状,吸气性呼吸困难,常见于鼻腔、咽、喉、气管阻塞,多为这些部位感染发炎所致。呼气性呼吸困难,常见于肺出血造成的肺泡气肿、血肿及毛细支气管炎;混合性呼吸困难常见于大面积肺部感染。腹式呼吸常见于胸膜炎;胸式呼吸常见于腹膜炎、肠痉挛等病。呼吸困难只是病情较重的一种提示,具体原因还需做进一步检查。

②咳嗽 正常情况下,兔不咳嗽,偶尔咳嗽一两声也属正常,但出现异常咳嗽则属病态。病态症状的咳嗽是一种保护性反射,当咽部受到异物、寒冷和有害气体刺激时会引起咳嗽。

临床意义:干咳属刺激咳嗽,常见于喉炎、气管炎早期;湿咳、连咳多为肺支气管炎和肺炎;痛咳常见于急性咽炎。

③鼻腔 正常状态下兔鼻腔干燥、清洁,无鼻液和分泌物。病态症状表现为流清涕、流黏稠涕、流脓涕、泡沫样血涕。

临床意义:流清涕多为风寒刺激引起,多见于感冒;黏稠涕多为鼻炎早期;脓涕多为鼻炎中期或晚期,多见于巴氏杆菌病、野兔热、李氏杆菌病等疾病;泡沫样血涕常见于兔瘟和巴氏杆菌病临死时。

（2）消化系统检查

①采食和饮水 肉兔正常采食状态为食欲旺盛,采食快,一般在 15~30 分钟吃完定量投放的饲料。病态症状为食欲不振、异

食、采食困难、咀嚼和吞咽困难。

临床意义:各种急慢性传染病均可导致食欲减退,病情严重时食欲废绝。异食常见于营养不良,维生素、矿物质缺乏和寄生虫病、毛球病、腹泻、佝偻病等。采食困难常见于口腔炎和传染性水疱性口炎,口腔内有溃疡、糜烂。咀嚼困难表明肉兔牙龈红肿、牙痛。吞咽困难表明咽部肿痛、有咽炎。

肉兔正常饮水状态为饮水量随气温、多汁饲料提供的多少而有变化,但不嗜水也不厌水。病态症状为饮欲减退、饮欲废绝或饮欲增强、饮水不止,嗜水如命。

临床意义:饮欲减退多见于寒症,如急性大肠杆菌病、急性胃肠炎。饮欲废绝多为病情严重和疾病晚期。饮欲增加多见于热症,如肺炎、中暑、产后等,饮欲增加也是兔瘟的一个早期症状,如未注射过疫苗的青年兔突然出现这种情况应引起注意,剧饮常见于食盐中毒和有毒植物中毒等症。

②腹部检查 腹部病理状态是腹围缩小,触摸腹部感觉腹内空虚无物、胃肠膨气、腹围增大。

临床意义:便秘阻塞、仔兔消化不良、胃肠炎症、饲料霉变或采食大量易发酵饲料及冰冻饲料等引起腹围缩小,叩击腹壁呈鼓音,触摸可见腹壁张力增大、紧张;便秘时可摸到大而硬的阻塞粪便,膨气时腹内无成形物,有水气感和水声;积食可在腹腔前部摸到硬度不同的较大的胃形;腹部积液及胃肠炎症吸收不良时,腹围增大,触动有波动感和拍水音,叩击无鼓音;妊娠后腹部可触摸到发育不同的胎儿,有肉质弹性,后期可摸到胎儿活动与胎形;膀胱积尿时腹围也增大,可在腹腔后部触摸到不同程度的积有尿液的、有一定张力和弹性的椭圆球形水泡;腹泻、肠炎时肠鸣音增强,有水泡音等;肠阻塞、消化不良等可见肠鸣音减弱或消失。

③粪便检查 健康兔的粪便为小花生米样均匀一致的椭圆球形,墨绿色,表面较光滑,压之有一定硬度与弹性,破开粪球,内有

部分未完全消化的饲料纤维,嗅之呈青草粪味。

病理状态:粪球变大、松软、粗糙不光,或呈牛粪样坨状、稀糊状,或粪稀如水,或粪球干小坚硬,或细长呈两头尖的枣核状,踩压难碎,或软、硬粪球交替出现,有时粪便表面附有一层白色黏液或混有血液,甚至附有脱落的肠黏膜,有时带有气泡,气味恶臭或腥臭。

临床意义:排尿次数减少或无尿和频做排尿姿势而无尿排出,多为肾炎、尿路阻塞或膀胱麻痹、腰部损伤及各种原因的膀胱积尿及严重缺水、腹泻、呕吐等引起的脱水;饲料质量低劣,精、粗饲料配比不当、消化不良及多种胃肠道疾病引起的不同程度的腹泻或便秘,也常见于球虫病等消化道寄生虫病。发生毛球病时粪球变大,质硬,不易破碎,内部混有大量毛纤维。

(3)泌尿生殖系统检查

①排尿情况　正常状态下獭兔一天排尿次数随气温和食入多汁青绿饲料的多少而变化,尿液中无杂质。病理状态下尿频、尿少、蛋白尿、血尿。

临床意义:尿频、尿急、尿淋、排尿痛苦等多为尿道炎症、结石或膀胱破裂;腰椎损伤及膀胱括约肌麻痹时出现排尿失禁、淋尿。

除排尿姿势与尿量检查外,还应检查尿液颜色。单纯哺乳的幼兔尿液无色透明,采食饲草饲料后逐渐出现颜色变化和浑浊,呈柠檬色、稻草黄、琥珀色或红棕色,成年兔尿液呈碱性(pH 值约为8.2)、蛋白尿阳性反应。仔兔尿液明显变黄多为仔兔黄尿病;尿液红色、血尿多为泌尿系统炎症、结石或溶血性疾病。必要时采集尿液进行实验室检验。

②生殖系统　正常状态下兔外生殖器无炎症,无渗出物,性活动正常,母兔乳房无红肿、疱状、产后乳汁充分。病态症状下公兔拒绝交配、生殖器红肿、睾丸肿大;母兔阴道流脓或流坏死性臭物;母兔乳房红肿。

临床意义:公兔拒绝交配常见于兔螺旋体病(梅毒)和生殖器感染;阴道流脓常见于沙门氏菌病、李氏杆菌病等;乳房红肿常见于乳腺炎;流产常见于兔梅毒、李氏杆菌病、沙门氏杆菌病、兔瘟、维生素 E 缺乏症和惊吓、习惯性流产。

(4)神经系统检查　肉兔正常状态为动作协调,反应灵敏,行为敏捷,各种神经功能正常。病态症状为痉挛、抽搐、震颤、瘫痪、癫痫、角弓反张、圆圈运动。

临床意义:凡出现上述病态症状都说明兔神经系统已遭受不同程度的损害,有来自病原体的毒素作用,如巴氏杆菌毒素、球虫毒素;有来自各种细菌、病毒直接对大脑的侵害,如兔瘟、脑炎;也有来自有毒物质中毒;痉挛、抽搐常见于兔死前的挣扎,震颤常见于脑原虫病,运动失调常见于 B 族维生素、维生素 E 缺乏,圆圈运动常见于巴氏杆菌病和维生素 A、维生素 E 缺乏。

(5)运动系统检查　正常状态下肉兔四肢健壮有力,骨骼发育良好,关节运动自由,行动无任何异常。病态症状为跛行、后肢麻痹、四肢频换负重或高跷步。

临床意义:跛行常见于佝偻病、骨软症、外伤骨折;关节红肿常见于骨结核巴氏杆菌病;后肢麻痹常见于产后瘫痪、脑原虫病;四肢频换负重或高跷步常见于脚皮炎。

(6)眼部检查　正常状态为眼睛明亮有神,结膜粉红润泽、眼部清洁、无泪无眵。病态症状为眼部突出、眼球凹陷、眼球震颤、眼流泪、眼结膜颜色异常。

临床意义:眼球突出常见于急性传染病,如兔瘟、李氏杆菌病、急性脑炎;眼球凹陷常见于急性腹泻引起的严重脱水;眼流泪常见于兔瘟、兔痘、李氏杆菌病;眼球震颤、怕光多见于兔瘟;眼结膜发白见于疾病引起的贫血;眼结膜发黄多为黄疸所致,常见于巴氏杆菌病、肝片吸虫病、肝炎病等;眼结膜发红多为急性结膜炎,常见于巴氏杆菌病、李氏杆菌病、伪结核、兔瘟。

3. **病理解剖** 一些兔病只通过外部症状不能做出诊断,需要进一步检查。病理剖检是目前诊断兔病最常用而又比较准确的诊断方法。将病兔或病死兔进行解剖,用肉眼观察组织器官的损伤、变化及分泌物、渗出物和内容物的量、色泽、性质等,从而做出诊断。有些兔病具有特征性病变,如魏氏梭菌病的特征性胃部溃疡、肠壁出血;兔瘟的内部器官广泛性出血,肝球虫病的肝脏病灶;豆状囊尾蚴的虫体等。有些兔病没有特征性病变,或几种兔病出现相同或相似病变,因此,须配合外部检查综合分析与鉴别,必要时需采取病料进行实验室诊断。病理剖检需要细心、全面,不要有遗漏,病变的部位、范围、深度、性质等判断要准,不要将淤血定为出血、肝球虫病灶定为肝脏坏死、粪便周围的黏液与脱落的肠黏膜相混淆等。剖检的场地要远离饲养场,每次剖检后,人员、器械、用具、场地等都要进行严格消毒,剖检完的尸体及组织器官应进行焚烧或深埋处理,以防病原扩散。

（1）**剖检方法** 为了便于观察胸腔和腹腔,兔子的解剖方法一般采取平卧位,兔体平躺,头朝上,置于搪瓷盘内或解剖台上。常用工具有手术剪、普通剪刀、手术刀、带钩长镊子和无钩镊子各1把。

剖检步骤:第一步,剖开皮肤,用带钩镊子从腹股沟处提起皮肤一角,用手术刀或剪刀把整个腹壁和胸壁的兔皮剪开,在剪开过程中,用带钩长镊子拉着兔皮,再用手术刀或剪刀剥离开皮与腹壁（胸壁）间的结缔组织;第二步,为了观察胸腔,把左前腿与胸壁间肩胛骨切开,然后往左上方翻过去,甚至可以把整个左前肢剪掉,便于彻底暴露出整个胸腹部;第三步,剖开胸腔和腹腔。用带钩的镊子从腹部右下角拉起,用手术刀或剪刀小心地剪开一个小口,不要太用力,以免剪破肠道。然后剪去整个腹部的肌肉,用剪刀剪断两侧肋骨、胸骨,拿掉前胸郭,暴露出整个胸腔和腹腔,便于观察。

若要观察喉头、气管和食管,则要进一步剪开颈部的皮肤、肌肉和骨头。

若要观察脑部情况,则要小心去掉脑门的皮肤和头盖骨。

(2)剖检内容

外部检测:在剥皮之前检查尸体的外表状态。检查内容包括品种、性别、年龄、毛色、特征、体态、营养状况以及被毛、皮肤、天然孔、可视黏膜,注意有无异味。

皮下检查:主要检查皮下有无出血、水肿、化脓病灶、皮下组织出血性浆液性浸润、乳房和腹部皮下结缔组织、皮下脂肪、肌肉及黏膜色泽等。

上呼吸道检查:主要检查鼻腔、喉头黏膜及气管环间是否有炎性分泌物、充血和出血。

胸腔脏器检查:主要检查胸腔积液,胸膜、肺、心包、心肌是否充血、出血、变性、坏死等。肺是否肿大,有无出血点、斑疹及灰白色小结节。胸腔内有无脓疱、浆液或纤维素性渗出。

腹腔脏器检查:打开腹腔后,依次查看腹膜、肝、胆囊、胃、脾脏、肠道、胰、肠系膜、淋巴结、肾脏、膀胱和生殖器等各个器官。

主要检查腹水、纤维素性渗出、寄生虫结节,脏器色泽、质地和是否肿胀、充血、出血、化脓灶、坏死、粘连等。肝脏色泽、质地及是否肿胀、充血、出血;胆囊上有无小结节;脾是否肿大,有无灰白色结节,切开结节有无脓或干酪样物;肾是否充血、出血、肿大或萎缩;胃黏膜有无脱落,胃是否膨大或充满气体和液体;肠黏膜有无弥漫性出血、充血,黏膜下层是否水肿,十二指肠是否充满气体,空肠是否充满半透明胶样液体,回肠内容物形状,结肠是否扩张;盲肠蚓突、圆小囊、盲肠壁及内容物情况;膀胱是否扩张,积尿颜色;子宫内有无蓄脓。

4. 实验室诊断　包括病理组织学诊断、微生物学诊断、血清学诊断和寄生虫检查等。

(1)病理组织学诊断　对在病理剖检时用肉眼所不能直接观

察或不能正确判断的可疑组织器官在实验室制成组织切片,借助光学显微镜或电子显微镜观察组织结构、细胞及细胞内部细微变化,以判定病变的程度与性质。包括组织触片镜检和细菌分离培养。

组织触片镜检:取肝脏或心血涂片,在火焰上固定后,用姬姆萨或美兰染色液染色,显微镜下观察有无细菌存在。

细菌分离培养:无菌取心血、肝脏、淋巴液、肺、肠内容物等样品,选择合适培养基培养,挑取可疑的单个菌落纯化培养,再进一步做生化试验。

(2)微生物学诊断 怀疑是传染性疾病时,为更准确地判断出病原微生物,利用光学显微镜或电子显微镜观察病原体的大小、形态、内部结构、染色性质等。必要时进行病原微生物的分离培养、生化鉴定,以及鸡胚或动物接种试验等,以确定病原微生物的种类,从而做出诊断。

(3)血清学诊断 病原微生物侵入兔体,使兔体产生特异性免疫抗体,它对应的病原微生物(抗原)可出现特定的血清学反应。利用已知的特定抗原或抗体与被检血清或抗原进行试验,判断反应是阴性或阳性,可以确定被检兔是否受到该病原微生物的感染。血清学试验对所用试验样品的采集、处理、保存和试验的温度、湿度、时间及结果的判断标准等都有严格要求,否则会影响诊断结果。

(4)寄生虫病诊断 检查病原体(虫卵、幼虫和成虫)是诊断寄生虫病的重要手段。许多寄生虫特别是寄生于消化道的虫体,其虫卵、卵囊或幼虫均可通过粪便排出体外。因此,通过检查粪便,可以确定是否感染寄生虫及感染寄生虫的种类和强度。

三、兔病药物治疗技术

对诊断后的病兔给予一定的药物治疗,是治疗兔病的主要手段。不同兔病,需要不同的给药方法。

(一)内服给药

常用内服给药法包括拌料或饮水法、投服法、灌服法、胃管给药法等。

1. **拌料或饮水给药** 此法多用于大群预防性给药或驱虫。适用于毒性小、无不良气味的药物,可依药物的稳定性和可溶性按一定比例拌入饲料或饮水中,任肉兔自由采食或饮用。对于规模化养兔来说,选择给药方法最重要的是其方便可行性。通过拌料饲喂或者饮水给药是最方便易行的。

2. **投服法给药** 投服给药是指将药物用钳子或镊子夹入口腔深处,让其吞下。常用于片剂、丸剂或舔剂的药物。

3. **灌服法给药** 灌服给药是指利用注射器或药管强行将药物灌入兔子口腔深处,使其咽下。常用于有异味的药物。采用此法应注意不要将药物误灌入气管,以避免造成异物性肺炎。

4. **胃管给药法** 胃管给药指将药物经兔子口腔通过导管投入胃内。常用于刺激性大或有不良气味的药物。采用此法要注意插入胃管时应在其前端涂石蜡油润滑,将胃管另一端浸入水杯中检查,若有气泡冒出,应立即拔出重插。为了避免胃管内残留药物,需再注入 5 毫升生理盐水,然后折转管端拔出胃管。

(二)外用给药

外用给药是治疗外伤、化脓创伤及体外寄生虫等病的常用方法,主要包括点眼、滴鼻、洗涤、涂擦。

点眼通常选择眼睑与眼球间的结膜囊,常用于结膜炎时的治疗和眼球检查。

滴鼻通常在鼻腔内,常用于鼻炎与疫苗接种。

洗涤通常用于清洗局部皮肤或鼻、眼、口及创伤部位等。常用的有生理盐水、0.1%~0.3%高锰酸钾溶液、0.5%~1%过氧化氢溶液。清洗和涂布药物时应采取捩涂的方法,不应用力擦抹(疥癣除外),以防挫伤患部的健康组织,影响愈合。治疗体外寄生虫病时也可用药浴,但药浴时应防止药液进入口、眼、鼻内。

涂擦通常用于治疗局部感染和疥螨病,将膏剂或溶液涂于皮肤或黏膜表面;对外伤清理消毒后,将药物涂布于患处。

(三)直肠灌药

将兔体取前高后低姿势侧卧保定,用一前端涂有润滑剂的细橡胶管(多用人用导尿管),由肛门插入一定深度,用注射器将药液经胶管注入直肠内,取出胶管,并按压肛门,防止药液流出。本方法适于便秘的灌肠及直肠补液给药等。

(四)注射给药

常用注射方法包括皮下注射、静脉注射、肌内注射、腹腔注射等。注射给药法的优点是药物吸收快且完全,剂量和作用确实,但要严格消毒,注射部位要准确。

1. **皮下注射** 皮下注射应选择皮肤较疏松的部位(颈部、肩部、腹部等),局部剪毛消毒后,用左手拇指和食指将肉兔皮肤提起,使皮肤与兔体间形成平行的三角形皱褶,右手持注射器,几乎与兔体成水平方向迅速刺入皱褶处皮下,然后松开左手,注入药液。注意注射针头不要穿透对侧皮层,将药液注到体外。

2. **肌内注射** 选择肌肉丰满的臀部、颈部、股内侧等部位,剪毛消毒后,左手固定注射部位皮肤,将针头垂直刺入肌肉一定深度,不要刺伤骨骼和神经,稍微回抽注射器没有回血后,缓慢注入药液。如出现回血,应适当调整针尖。

3. 静脉注射 一般选择耳外缘静脉,局部消毒后,助手压迫兔耳基部,术者左手固定兔耳,右手持注射器,与血管平行刺入皮肤,然后针尖斜面向上与血管成30°角刺入血管,并推进0.5~1厘米,稍微回抽有回血时,助手放开压迫血管的手,将药液缓慢注入。空刺时如血管怒张不明显,可用酒精棉球反复涂擦或用手指弹击注射部位,使之怒张。注射中如感觉阻力较大或皮下鼓包,应重新穿刺注射。初次注射时应选静脉远端,以后逐次向近心端移动。注射完毕拔出针头后,用酒精棉球压注射局部,以防出血或渗漏,但不要按揉,否则会造成出血。

4. 腹腔注射 将药液直接注入腹腔的方法。适于注射剂量较大的液体药物及静脉注射较困难时给药。注射量较大时,应先将药液稍增温后再注射。注射部位一般在后下腹部腹中线两侧,助手将病兔后肢倒提,使其腹腔脏器前移,后部相对空虚。注射部位剪毛消毒后,术者左手固定注射部位皮肤,右手将针头垂直穿透腹壁与腹膜。穿透腹膜后有突然的轻松和空虚感,针头不随肠蠕动而摆动,稍微回抽注射器无气泡、血液或肠内容物回流时,即可注入药液。膀胱充盈时应避开膀胱。

四、肉兔主要传染病的防治

养兔场疾病传播不仅给养兔业造成巨大损失,一些人兽共患病也直接威胁人的健康。兔场一旦发生兔传染病,应立即采取有效的控制与扑灭措施。下面对兔场较为多发的传染病进行详细介绍。

兔病毒性出血症(RHD)

兔病毒性出血症即兔瘟,该病是由兔出血症病毒(RHDV)引起的兔的一种急性、高度致死性传染病,对易感兔致病率可达90%,致死率可达100%,是危害养兔业最严重的毁灭性传染病。

【流行特点】

(1)易感动物 所有家兔都有易感性。毛用兔的易感性高于皮用兔和肉用兔;3月龄以上的青年兔、成年兔的易感性高于幼年兔。膘情越好,其发病率与死亡率越高,这是本病的最大特点。2月龄以内的仔兔有一定的抵抗力,哺乳期仔兔很少发病死亡。

(2)流行季节 一年四季均可发病,但以春、秋发病率高。

(3)传染源 病兔、死兔和带毒兔是主要传染源。消化道、呼吸道、破损皮肤、黏膜为主要传播途径。病毒主要通过分泌物、排泄物直接或间接接触而传播本病。

【临床症状】 本病潜伏期数小时至3天,根据发病情况可分为最急性、急性和慢性3种。

(1)最急性 多见于流行初期,病兔未出现任何症状而突然死亡或仅在死前数分钟内突然尖叫、冲跳、倒地抽搐,或在冲跳、抽搐与尖叫中死亡,部分病兔从鼻孔流出泡沫状血液。

(2)急性 较最急性发病较缓,病兔出现体温升高(41℃~42℃),精神委顿,食欲减退或废绝,呼吸急促,心搏快,可视黏膜和鼻端发绀,有的出现腹泻或便秘,粪便粘有胶冻样物,个别排血尿。后期出现打滚、尖叫、喘息、颤抖、抽搐,多在数小时至2日内死亡。

(3)慢性 多发生在1~2月龄的幼兔、老疫区或流行后期,出现轻度的体温升高,精神不振,食欲减退,消瘦及轻度神经症状,严重者衰竭死亡。病程较长,多在2日左右,2日以上不死者可逐渐恢复,但生长缓慢。

（4）**沉郁型**　是兔瘟的一种新类型。患兔精神不振，食欲减退或废绝，趴卧一角，渐进性死亡。死亡后仍趴卧原处，头触地，好似睡觉。其浑身瘫软，用手提起，似皮布袋一般。该种类型多发生于幼兔、疫苗注射过早而又没有及时加强免疫的兔、注射多联苗的兔、注射了效力不足的疫苗的兔和免疫期刚过而没有及时免疫的兔等。

【病理变化】　病理特征是以出血和水肿为特征的全身脏器的病理变化。气管有点状和弥漫性出血，肺有出血点、出血斑、充血、水肿，肝出血、肿大、质脆，有时出现灰白色坏死灶，胆囊扩张，脾肿大、充血、出血、质脆，肾肿大、有出血点、质脆，淋巴结肿大、出血，心外膜有出血点，腹壁、胃肠浆膜、黏膜和胸壁出血，脑膜有出血点。

【诊　断】　发病急，发病率高，死亡快，青年兔和成年兔多为急性死亡，幼兔多为慢性，哺乳仔兔一般不发病或很少发病。剖检全身出血性病变，可做初步诊断，通过实验室红细胞凝集试验与红细胞凝集抑制试验等可确诊。

【防　治】　本病目前没有特效治疗药物，主要是预防免疫，要做好日常卫生防疫工作，严禁从疫区引进病兔及被污染的饲料和兔产品，对新引种兔应做好隔离观察。定期接种灭活兔瘟疫苗是预防本病发生的有效措施，6 月龄以上成年兔颈部皮下注射兔瘟单联苗 1~2 毫升，幼兔 0.5~1 毫升，断奶幼兔初免在 35 日龄前后接种为好，接种后 5~7 天产生免疫力。幼兔接种后 20 天加强免疫 1 次，以后每 4 个月左右免疫 1 次。发现本病流行，应尽早封锁兔场，隔离病兔。死兔应深埋或烧毁，兔舍、用具彻底消毒，必要时对未感染兔进行紧急预防接种。有价值的病兔可用抗兔瘟阳性血清治疗，10 天后再用兔瘟疫苗免疫，但费用较高。

传染性水疱性口炎

传染性水疱性口炎是由水疱口炎病毒引起的兔的一种急性传染病,其特征为兔口腔黏膜发生水疱炎症并伴有大量流涎,故又称"流涎病"。

【流行特点】 多发于冬、春季节,消化道是主要感染途径。病兔口腔分泌物、坏死黏膜组织及水疱液内含有大量的病毒,健康兔吃了被污染的饲草、饲料及饮水后被感染。饲料粗糙多刺、霉烂、外伤等易诱发本病。

【临床症状】 本病潜伏期5~6天,开始时病兔体温升高,口腔黏膜呈潮红肿胀,随后在嘴角、唇、舌、口腔等部位的黏膜上出现粟粒大至黄豆大的水疱。水疱内充满液体,破溃后常继发细菌感染,引起唇、舌及口腔黏膜坏死、溃疡,口腔恶臭,流出大量唾液,嘴、脸、颈、胸及前爪被唾液沾湿,患病时间较长的被毛脱落,皮肤发炎,采食、咀嚼困难,消瘦,严重的衰竭死亡。

【病理变化】 尸体消瘦,舌、唇及口腔黏膜发红、肿胀,有小水疱和小脓疱,糜烂、溃疡,口腔内有大量液体,食管、胃、肠道黏膜有卡他性炎症。

【诊 断】 根据流行特点、临床症状、特异的口腔病变即可诊断,必要时通过实验室检验确诊。

【防 治】 饲喂柔软易消化的饲草,防止刺伤口腔。兔笼、兔舍及用具要定期消毒。健康兔可用磺胺二甲嘧啶预防,口服5克/千克饲料或0.1克/千克体重,每日1次,连用3~5天。发现病兔应立即隔离,全场进行严格消毒,病兔口腔病变用2%硼酸溶液或0.1%高锰酸钾溶液或1%食盐水等冲洗,然后涂碘甘油、磺胺软膏、冰硼散或磺胺粉等,每日3次。全身治疗用磺胺二甲嘧啶、磺胺嘧啶,口服0.2~0.5克/千克体重,每日1次。为防止继发感染,饲料或饮水中加入抗生素或磺胺类药物。

巴氏杆菌病(含出血性败血症及传染性鼻炎)

兔巴氏杆菌病是由多杀性巴氏杆菌引起的急性传染性疾病,是危害养兔业发展的最严重疾病之一。根据感染程度、发病急缓及临床症状分为不同的类型,其中以出血性败血症、传染性鼻炎、肺炎等类型最常见。

【流行特点】 巴氏杆菌是一种条件致病菌,30%～75%的家兔上呼吸道黏膜和扁桃体都带有巴氏杆菌,但无症状。当条件恶劣,如气温突变、饲养管理不当、长途运输、污秽、潮湿、拥挤、圈舍通气不良、营养缺乏等,使肉兔抵抗力降低时体内巴氏杆菌大量繁殖,增强毒力,从而引发本病。一年四季均可发生,但以冷热交替、气温骤变、闷热、潮湿的多雨季节发生较多,呈散发或地方性流行。病兔的粪便、分泌物可以不断排出有毒力的病菌,污染饲料、饮水、用具和外界环境,经消化道而传染给健康兔,或由咳嗽、喷嚏排出病菌,通过飞沫经呼吸道传染,吸血昆虫的媒介和皮肤、黏膜的伤口也可发生传染。

【临床症状】 主要症状有鼻炎型、出血性败血症、中耳炎型、慢性型、生殖器官感染、结膜炎型和脓肿等多种,病程长短不同。

(1)鼻炎型 是常见的一种病型,其诊断特点是有浆液性黏液或黏液脓性鼻液。鼻部的刺激常使兔用前爪擦揉外鼻孔,使该处被毛潮湿并缠结。病兔常打喷嚏、咳嗽及因鼻塞呼吸困难而发出鼾声等。病程很长,有的常达数月至1年以上,最后多因营养不良,以致全身感染、衰竭而死亡。

(2)出血性败血症 是最急性和急性型,常无明显症状而突然死亡。时间稍长可表现精神委顿,食欲减退或停食,体温升高,鼻腔流出浆液性、黏液性或脓性鼻液,腹泻。病程数小时至3天。并发肺炎时体温升高,食欲减退,呼吸困难,咳嗽,鼻腔有分泌物,有时腹泻,多数不治而死。

(3)中耳炎(又称斜颈病) 单纯的中耳炎不出现临床症状。由巴氏杆菌引起斜颈是感染扩散到内耳或脑部的结果,斜颈的程度取决于感染的范围。严重的病例,兔向一侧滚转,一直倾斜到抵住围栏为止。病兔不能吃料饮水,体重减轻,出现脱水现象。如感染扩散到脑膜和脑组织,则可出现运动失调和其他神经症状。病变主要是一侧或两侧耳鼓室内有一种奶油状的白色渗出物。病早期鼓膜和鼓室内壁变红,有时鼓膜破裂,脓性渗出物流出外耳道。中耳或内耳感染如扩散到脑,可出现化脓性脑膜炎。

(4)慢性型 多由急性型或亚急性型转变而来,或长时间轻度感染发展所致。病兔鼻腔流出浆液性分泌物,后转变为黏液性或脓性,粘结于鼻孔周围或堵塞鼻孔,呼吸轻度困难,常打喷嚏,咳嗽,用前爪搔鼻,食欲不佳,渐行性消瘦。

(5)生殖器官感染 母兔的一侧或两侧子宫扩张。急性感染时,子宫仅轻度扩张,腔内有灰色水样渗出物。慢性感染时,子宫高度扩张,子宫壁变薄,呈淡黄褐色,子宫腔内充满黏稠的奶油样脓性渗出物,常附着在子宫内膜上。

公兔开始表现病变常从附睾开始。主要表现一侧或两侧睾丸肿大,质地坚实,有些病例伴有脓肿;同时,受胎率降低,与其交配的母兔,阴道有分泌物或发生急性死亡。

(6)结膜炎型 主要发生于未断奶的仔兔及少数老年兔。临床症状主要是流泪,结膜充血发红,眼睑中度肿胀,分泌物常将上、下眼睑粘住。

(7)脓肿 全身各部皮下都可发生脓肿,体表的脓肿易于查出,但内脏器官的脓肿则不易诊断。肺、肝、脑、心、肌肉、睾丸或其他器官和组织内发生的脓肿,未至严重阶段,往往不显临床症状。脓肿常含有白色至黄褐色奶油状脓汁。病程较长者形成一个纤维性包囊,长期难以消失。

【病理变化】 主要表现在全身性出血、充血和坏死。鼻黏膜充血,出血;并附有黏稠的分泌物,肺严重充血、出血、水肿;有的表现纤维素性胸膜炎变化,心内膜炎出血斑点;有的出现纤维素附着,肝肿大,淤血、变性,并常有许多坏死小点;肠黏膜充血、出血;胸、腹腔有较多淡黄色液体。

【诊 断】 根据流行特点、症状和病理变化可做出初步诊断。为了准确诊断,还需要进行细菌学检查才能最后确诊。败血症型和肺炎型可以做心、脾、肝细菌学检查,其他病例主要从病变部位的脓汁、渗出物、分泌物中检查病原。但慢性病例或大量使用抗生素的病例常常呈阴性结果。

煌绿滴鼻检查法操作简单,在生产中可广泛应用。用0.25%~0.5%煌绿水溶液滴鼻,每个鼻孔2~3滴,18~24小时后检查。被检兔鼻孔周围见到化脓性分泌物者为阳性,证明该兔为巴氏杆菌病兔或巴氏杆菌携带兔。

【防 治】 本病以预防为主。兔场最好自繁自养,必须引种时要做好隔离观察与消毒,加强日常管理与卫生消毒,定期进行巴氏杆菌灭活苗接种。每兔皮下注射或肌内注射1毫升疫苗,注射后7天左右产生免疫力,免疫期4个月左右,成年兔每年接种3次。

发病兔场应严格消毒,死兔焚烧或深埋,隔离病兔,药物治疗:青霉素2万~5万单位、链霉素10万~20万单位,一次肌内注射,每日2次;庆大霉素4万~8万单位,肌内注射,每日2次;环丙沙星拌料0.15克/千克饲料;也可用喹乙醇、磺胺类药物等。

支气管败血波氏杆菌病

支气管败血波氏杆菌病是由支气管败血波氏杆菌引起的一种家兔常见的传染病,其特征是慢性鼻炎、咽炎和支气管肺炎,成年兔发病较少,幼兔发病死亡率较高。

【流行特点】　本病多发生于气候多变的春、秋两季,经常和巴氏杆菌病、李氏杆菌病并发,主要通过呼吸道感染。当机体受到不利因素,如气候骤变、感冒、寄生虫病等时抵抗力降低,或受灰尘和强烈刺激性气体的影响,肉兔上呼吸道黏膜的保护屏障受到被坏,易引发本病。鼻炎型经常呈地方性流行,而支气管肺炎型多呈散发性。成年家兔多发生散发性、慢性支气管肺炎型,仔兔和青年兔则呈急性支气管败血型。

【临床症状】

(1)鼻炎　在家兔中经常发生,多数病例鼻腔流出少量浆液性或黏液性分泌物,通常不变为脓性。当消除其他诱因之后,在很短的时间内便可恢复正常,但是出现鼻中隔萎缩。

(2)支气管肺炎　其特征是鼻炎长期不愈,鼻腔流出黏液或脓性分泌物,呼吸加快,食欲不振,逐渐消瘦,病程较长,一般经过7~60天可发生死亡。但也有些病例经数日之久不死,仅宰后检查肺部见有病变。

【病理变化】　病兔的鼻腔有浆液性、黏液性或黏液脓性分泌物。严重时出现小叶性肺炎或支气管肺炎,肺表面光滑、水肿,有暗红色突变区,切开后有少量液体流出。有的肺区有大小不一的脓灶,多者可占肺体积的90%以上,脓灶内积满黏稠、乳白色脓汁。组织学变化主要表现为肺泡内充满纤维素和脱落上皮细胞及大量炎性细胞。

【诊　断】　根据临床症状、病理剖检及细菌学检查即可确诊。进行细菌分离时,应注意与巴氏杆菌病和葡萄球菌病区分;葡萄球菌为革兰氏阳性球菌,而波氏杆菌为革兰氏阴性杆菌。巴氏杆菌和波氏杆菌均为革兰氏阴性,两者形态极为相似,但巴氏杆菌在普通培养基和肉汤培养基上易生长,而波氏杆菌则在麦康凯琼脂上生长良好;巴氏杆菌能发酵葡萄糖,而波氏杆菌则不发酵葡萄糖等。

【防　治】　支气管败血波氏杆菌与巴氏杆菌一样可在成年兔的呼吸道内繁殖，因此必须检出带菌者，捕杀或淘汰，以建立无支气管败血波氏杆菌的兔群。

加强饲养管理，改善饲养环境，做好防疫工作。

对发病的家兔进行药物治疗，首先将分离到的支气管败血波氏杆菌做药物敏感试验，选择有效的药物治疗。可用磺胺类药物和庆大霉素治疗。

用分离到的支气管败血波氏杆菌，制成氢氧化铝甲醛灭活菌苗，进行预防注射，每年免疫 2 次，可以控制本病的发生。

本病往往与巴氏杆菌混合感染，可以用防治巴氏杆菌病的药物防治本病。疫苗注射选用巴氏杆菌—波氏杆菌二联苗，比单一疫苗效果好。

沙门氏菌病

沙门氏菌病是由沙门氏菌属细菌引起的疾病的总称，是重要的人兽共患病。该病普遍发生于世界各地，给牲畜的繁殖和幼畜的健康带来严重威胁。

【流行特点】　沙门氏菌可使兔发生败血症、顽固性腹泻和流产。发病率比较高，各年龄、性别、品种的兔均易感，但以幼兔、妊娠母兔发病率和死亡率较高。主要通过消化道感染，也可通过断脐时感染。污染的饲料、饮水、垫草、笼具等都可传播，饲料不足、霉变、饲养管理不当、卫生条件差、断奶、天气骤变以及各种引起家兔抵抗力下降的因素等，都会诱发本病发生。

【临床症状】　本病一般潜伏期 3~5 天，除个别病兔为最急性，不表现症状突然死亡外，一般常见精神沉郁，伏卧不起，食欲减退或不食，体温高达 41℃以上。腹泻，呈顽固性腹泻，并常有胶冻样黏液。严重幼兔死亡很快；成年兔长时间腹泻而消瘦，被毛粗乱无光泽，腹部臌气；妊娠母兔可发生流产、死胎、阴道黏膜充血、肿胀,从阴道流出脓性分泌物,康复后也不易受胎。

【病理变化】 急性死亡时内脏器官充血、出血,胸腔、腹腔有大量浆液或黏液性分泌物,肠黏膜充血、出血、水肿,盲肠和结肠出现粟粒样坏死结节或溃疡,肠系膜淋巴结肿大,肝脏弥散有灰白色坏死灶,胆囊扩张,脾肿大。流产母兔子宫壁增厚、肿大,有的出现化脓,子宫黏膜覆盖一层淡黄色纤维素膜或充血、出血、溃疡,子宫内有时有死胎或干胎。

【诊 断】 根据流行特点、临床症状及病理变化做出初步诊断,通过实验室进行细菌学检查确诊。

【防 治】 本病的预防主要是防止接触传染,对阳性兔进行隔离治疗,兔舍、兔笼和用具彻底消毒。兔群一旦发病,对妊娠母兔立即进行治疗,可用庆大霉素肌内注射,每千克体重 2 万~4万单位,每日 2 次;也可用磺胺类药物等喂服;对妊娠初期的母兔可紧急接种鼠伤寒沙门氏菌灭活疫苗,每兔皮下或肌内注射 1 毫升。疫区每年接种 2~3 次,可有效控制本病的流行。

大肠杆菌病

兔大肠杆菌病是由一些血清型、致病性大肠杆菌引起的一种暴发性、死亡率很高的仔兔肠道性传染病。

【流行特点】 多发于初生乳兔及断奶期仔兔,断奶后的幼兔稍差些。一年四季均可发病,主要由于饲养管理不良、饲料污染、饲料和天气突变、卫生条件差等导致肠道正常微生物菌群改变,使肠道常在的大肠杆菌大量繁殖而发病,也可继发于球虫病及其他疾病。

【临床症状】 急性者不见任何临床症状突然死亡。病程长短不一,短的在 2 天内死亡,长的可拖至 6 天死亡。病初表现为精神沉郁,食欲减退,腹部膨胀,不愿活动,部分兔粪球细小,呈老鼠屎状,成串,并呈两头尖的干粪球,或外包有透明、胶冻样黏液。病兔常卧于兔笼一角,逐渐消瘦,随后出现排稀便,肛门、后肢及腹部被毛粘有大量黏液或黄色至棕色的水样粪便;有的病兔四肢发冷,磨牙,流涎,最后脱水,迅速消瘦死亡。

【病理变化】 初生乳兔急性死亡,腹部膨大,胃内充满白色凝乳物,并伴有气体;膀胱内充满尿液,膨大;小肠肿大,充满半透明胶冻样液体,并有气泡。其他病兔肠内有两头尖的细长粪球,外面包有黏液,肠壁充血、出血、水肿;胆囊扩张。

【诊 断】 根据本病仔幼兔发生较多、剧烈腹泻、脱水等症状,配合病理剖解做出初步诊断,通过实验室进行细菌学检验确诊。

【防 治】 仔兔在断奶前后,饲料要逐渐更换,不要突然改变;平时要加强饲养管理和兔舍卫生;有病史兔群,用本兔群分离的大肠杆菌制成灭活疫苗进行免疫接种,20~30日龄仔兔肌内注射1毫升,可有效控制本病的流行。如已发生本病流行,应根据由病兔分离到的大肠杆菌所做药敏试验,选择敏感药物进行治疗。链霉素肌内注射,每千克体重10万~20万单位,每日2次,连用3~5天。也可用庆大霉素等药物。同时,应配合补液、收敛、助消化等支持疗法。

魏氏梭菌病

本病又叫魏氏梭菌性肠炎,是由A型魏氏梭菌引起的家兔的一种急性传染病。由于魏氏梭菌能产生多种强烈的毒素,感染后病兔死亡率很高。

【流行特点】 本病一年四季均可发病,以秋、冬、春季节发病率高。各年龄均易感,以1~3月龄多发。主要通过消化道感染,长途运输、饲养管理不当、饲料突变、精饲料过多、气候骤变等应激因素均可诱发本病。病兔及被污染的动物性饲料等是本病的主要感染源。

【临床症状】 有的病例突然死亡而不表现明显症状。大多数病兔病初出现软粪或软条粪,随后急性腹泻,呈水样,黄褐色,后期带血、变黑、腥臭。精神沉郁,体温不高,多于 12 小时至 2 日死亡。

【病理变化】 病兔肛门及后肢被稀粪沾污,胃黏膜出血、溃疡,小肠充满液体和气体,肠壁薄,肠系膜淋巴结肿大,盲肠、结肠充血、出血,肠内有黑褐色水样稀便,腥臭,肝、脾肿大,胆囊充盈。急性死亡的胃内积有食物和气体,胃底部黏膜脱落。

【诊　断】 根据流行特点、临床症状及病理变化做出初步诊断,通过细菌学检验确诊。

【防　治】 加强饲养管理,搞好环境卫生,对兔场、兔舍、笼具等经常消毒,对疫区或可疑兔场应定期全群接种魏氏梭菌氢氧化铝灭活菌苗或甲醛灭活菌苗,每只皮下注射 1~2 毫升,3 周左右产生免疫力,免疫期 6 个月左右。一旦发生本病,应迅速隔离病兔,专人管理,彻底清理病兔粪便和垫料,病兔笼具要彻底消毒,最好用火焰消毒。对急性严重病例,无救治可能的应尽早淘汰,轻者、价值高的种兔可用抗血清治疗,每千克体重 2~5 毫升,并配合使用抗生素及磺胺类药物。对未发病的健康兔紧急进行免疫接种,饲喂抗菌药物。

葡萄球菌病

葡萄球菌病是由金黄色葡萄球菌引起的致死性脓毒败血症和各器官部位的化脓性炎症,是一种常见的兔病,死亡率很高。

【流行特点】 家兔是对金黄色葡萄球菌最敏感的一种动物。通过各种途径都可能发生感染,尤其是皮肤、黏膜的损伤,哺乳母兔的乳头孔是葡萄球菌进入机体的重要门户。

【临床症状和病理变化】 根据病菌侵入机体的部位和继续扩散的情况不同,可表现不同的临床类型。

（1）**转移性脓毒血症**　在头、颈、背、腿等部位的皮下或肌肉、内脏器官形成一个或几个脓肿。一般脓肿常被结缔组织包围形成囊状，手摸时感到柔软而有弹性，脓肿的大小不一，一般由豌豆大至鸡蛋大。患有皮下脓肿的病兔，一般精神和食欲不受影响。当内脏器官形成脓肿时，患部器官的生理功能受到明显影响；当脓肿向内破溃时，通过血液和淋巴液导致全身性感染，呈现脓毒血症，导致病兔死亡。

病兔或病死兔的皮下、心脏、肺、肝、脾等内脏器官及睾丸、附睾和关节有脓肿。在大多数情况下，内脏脓肿常有结缔组织构成的包膜，脓汁呈乳白色油状。有些病例引起骨膜炎、脊髓炎、心包炎和胸、腹膜炎。

（2）**兔脓毒败血症**　仔兔出生后2～6天，在多处皮肤，尤其是腹部、胸部、颈、颌下和腿部内侧的皮肤引起炎症，这些部位的表皮出现粟粒大小的白色脓疱，多数病例于2～5天以败血症的形式死亡。较大的乳兔患病，可在上述部位皮肤上出现黄豆大至蚕豆大白色脓疱，病程较长，最后消瘦死亡。幸存的患兔，脓疱慢慢变干，逐渐消失而痊愈。

患部皮肤和皮下出现小脓疱是本病最明显的病理变化，脓汁呈乳白色乳油状物，在多数病例的肺脏和心脏上有许多白色小脓疱。

（3）**脚皮炎**　金黄色葡萄球菌感染兔脚掌心的表皮，开始出现充血、发红、水肿和脱毛，继而出现脓肿，以后形成大小不一、经久不愈的出血溃疡面。病兔不愿移动腿，食欲减退、消瘦，有些病例发生全身性感染，呈败血症症状，很快死亡。

（4）**乳房炎**　哺乳母兔由于乳头或乳房的皮肤受到污染或损伤，金黄色葡萄球菌侵入后引起炎症。哺乳母兔患病后，体温升高。急性乳房炎时，乳房呈紫红色或蓝紫色；慢性乳房炎初期，乳头和乳房局部发硬，逐渐增大。随着病程的发展，在乳房表面或深层形成脓肿。

(5)仔兔黄尿病(仔兔急性肠炎) 仔兔吃了患乳房炎母兔的乳汁而引起的一种急性肠炎。一般全窝发生,病仔兔的肛门周围被毛和后肢被毛潮湿、腥臭,患兔昏睡,全身发软,病程 2~3 天,死亡率较高。肠黏膜充血、出血,肠腔充满黏液,膀胱极度扩张并充满尿液。

(6)鼻炎 细菌感染鼻腔黏膜而引起的一种较慢性的炎症,患兔鼻腔流出大量的浆液脓性分泌物,在鼻孔周围干结成痂,呼吸常发生困难,打喷嚏;患兔常用前爪摩擦鼻部,使鼻部周围被毛脱落,前肢掌部脱毛、擦伤,常导致脚皮炎;患鼻炎的家兔易引起肺脓肿、肺炎和胸膜炎。

【诊　断】 本病的各种病型都有一定的特征性症状和病理变化,可作为初步诊断依据,确诊必须根据镜检、病原分离以及鉴定。如菌落呈金黄色、在鲜血琼脂下溶血、能发酵甘露醇、凝血浆酶呈阳性,证明就是金黄色葡萄球菌。

【防　治】

兔笼、运动场要保持清洁卫生,清除一切锋利的物品;笼内不能太挤,将性情暴躁、好斗的兔分开饲养;产仔箱要用柔软、光滑、干燥而清洁的绒毛或兔毛铺垫。

妊娠母兔产仔前后,可根据情况适当减少优质的精饲料和多汁饲料,以防产仔后几天内乳汁过多、过浓;断奶前减少母兔的多汁饲料,也可减少或不发生乳房炎。

防止仔兔黄尿病,首先应防止哺乳母兔发生乳房炎。对已患病的仔兔,可用青霉素和庆大霉素肌内注射和口服磺胺噻唑或长效磺胺。

仔兔脓毒败血症的治疗,对体表脓肿每天用 5%龙胆紫酒精或碘伏溶液涂擦,全身治疗可肌内注射青霉素、庆大霉素。

皮下脓肿、脚皮炎的治疗,用外科手术排脓和清除坏死组织,患部用3%结晶紫、石炭酸溶液或5%龙胆紫酒精溶液涂擦,用青霉素局部治疗。

鼻炎的治疗,首先防止家兔伤风感冒,对患兔用抗生素滴鼻治疗。

附红细胞体病

附红细胞体病是由附红细胞体寄生于兔的红细胞表面、血浆及骨髓等部位所引起的一种人兽共患传染病。

【流行特点】　该病多在吸血昆虫大量孳生繁殖的夏、秋季节感染,表现隐性经过或散在发生,但在应激因素如长途运输、饲养管理不良、气候恶劣、寒冷或其他疾病感染等情况下,可使隐性感染的家兔发病,症状较为严重。该病成年家兔以泌乳中期的母兔为甚,发病率可达30%~50%,死亡率可达发病数的50%以上。断奶小兔更为严重,发病率可达50%以上,死亡率可达发病数的80%以上。

【临床症状】　家兔尤其是幼兔,临床表现为一种急性、热性、贫血性疾病。患兔体温升高,39.5℃~42℃,精神委顿,食欲减少或废绝,结膜苍白,转圈,呆滞,四肢抽搐。个别家兔后肢麻痹,不能站立,前肢有轻度水肿;少数病兔流清鼻涕,呼吸急促;乳兔不会吃奶。病程一般3~5天,多的可达1周以上。病程长的有黄疸症状,粪便黄染并混有胆汁,严重的出现贫血。一般仔幼兔的死亡率高,耐过的小兔发育不良,成为僵兔。妊娠母兔患病后,极易发生流产、早产或产出死胎。

根据病程长短不同,该病分成3种病型。

(1)急性型　此型病例较少。多表现突然发病死亡,少数死后口、鼻流血,全身红紫,指压褪色。有的病兔突然瘫痪,禁食,痛苦呻吟或嘶叫,肌肉颤抖,四肢抽搐。

(2)亚急性型　患病家兔体温升高可达42℃,死前体温下降。

病初精神委顿,食欲减退,饮水增加,而后食欲废绝,饮水量明显下降或不饮。患病家兔颤抖,转圈或不愿站立,离群卧地,尿少而黄。开始兔便秘,粪球带有黏液或黏膜,后排稀粪,有时便秘和稀粪交替出现。后期病兔耳朵、颈下、胸前、腹下、四肢内侧等部位皮肤有出血点。有的病兔两后肢发生麻痹,不能站立,卧地不起。有的病兔流涎,呼吸困难,咳嗽,眼结膜发炎。病程3~7天,死亡或转为慢性经过。

(3)慢性型 隐性经过或由亚急性型转变而来。有的症状不十分明显,有些病程较长,逐渐消瘦。近年,体质弱的泌乳母兔该类型较多,采食困难,出现四肢无力、趴卧不动、站立不稳、浑身瘫软的症状。及时给予治疗和照料,部分可逐渐好转。

【病理变化】 急性死亡病例,症状变化不明显,病程较长的病兔表现异常消瘦,皮肤弹性降低,尸僵明显,可视黏膜苍白、黄染并有大小不等的暗红色出血点或出血斑,眼角膜混浊、无光泽。皮下组织干燥或黄色胶冻样浸润。全身淋巴结肿大,呈紫红色或灰褐色,切面多汁,可见灰红相间或灰白色的髓样肿胀。多数有胸水和腹水,胸腹脂肪、心冠沟脂肪轻度黄染。心包积水,心外膜有出血点,心肌松弛,颜色呈熟肉样,质地脆弱。肺脏肿胀,有出血斑或小叶性肺炎。肝脏有不同程度肿大、出血、黄染,表面有黄色条纹或灰白色坏死灶,胆囊膨胀,胆汁浓稠。脾脏肿大,呈暗黑色,质地柔软,有的脾脏有针头大至米粒大灰白色或黄色坏死结节。肾脏肿大,有微细出血点或黄色斑点,肾盂水肿,膀胱充盈,黏膜黄染并有少量出血点。胃底出血、坏死,十二指肠充血,肠壁变薄,黏膜脱落。空肠炎性水肿,如脑回状。其他肠段也有不同程度的炎症变化。淋巴节肿大,切面外翻,有液体流出。

【诊 断】 取活兔耳血或死亡患兔心血1滴于载玻片上,加2滴生理盐水混匀,置400倍显微镜下观察,可见受到损伤的红细胞及其附着在红细胞上的附红细胞体。被感染的红细胞失去正常形态,呈边缘不整似齿轮状、星芒状、不规则多边形等。

【防　治】

(1)预防　在发病季节,消除蚊虫孳生地,杀灭蚊虫;注射是传播途径之一,因此在注射疫苗或药物时,要做到注射器严格消毒,一兔一针头;保持兔体健康,提高免疫力,减少应激因素,对于降低发病率有良好效果。

(2)治疗　金霉素,每千克体重15毫克,口服、肌内注射或静脉注射,连用7~14天。多西环素(强力霉素),15毫克/千克体重,每日2次,连用2天。贝尼尔(血虫净)5毫克/千克体重,隔日1次,同时用强力霉素15毫克/千克体重拌料,连用3天,或10毫克/千克体重肌内注射,每日1次,连用3天。血虫杀(中药),每日0.5克/每千克体重,连用3天,停3天,再用3天。

此外,用安痛定等解热药,适当补充维生素C、B族维生素等,病情严重者还应采取强心、补液,补右旋糖酐铁和抗菌药,进行辅助治疗,注意精心饲养。

皮肤真菌病

家兔皮肤真菌病是由丝状真菌侵入皮肤角质层及其附属物所引起的各种感染,是一类传染性极强的人兽共患接触性皮肤病,又称脱毛癣。随着养兔业向规模化、工厂化的发展,家兔皮肤真菌病的发生也越来越普遍,并逐渐引起人们的重视。

【流行特点】　由须毛菌属和石膏样孢子菌属引起的以皮肤角化、炎性坏死、脱毛、断毛为特征的传染病。自然感染可通过污染的土壤、饲料、饮水、用具、脱落的被毛、饲养员等间接传染以及交配、吮乳等直接接触而传染,温暖、潮湿、污秽的环境可促进本病的发生。本病一年四季均可发生,以春季和秋季换毛季节易发,各个年龄均可发病,以仔兔和幼兔的发病率最高。

【临床症状】　潜伏期一般3天至2周,多在耳壳、鼻部、眼周、面部、嘴、爪、颈部皮肤处出现圆形或椭圆形突起,生成灰色小疱,并向周围扩大,而后形成硬痂皮,局部脱毛,出现灰白色鳞片或形成溃疡。病兔表现不安、瘙痒,严重的会影响饮食,出现渐进性消瘦。

【诊　断】　根据流行病学和临床症状对家兔皮肤真菌病做出初步诊断,确诊需要进行病原的分离培养与鉴定,或进行抗原或抗体检测。

【防　治】

(1)药物防治　近20年来,人用抗真菌的药物发展很快,从传统的碘化钾、灰黄霉素、克霉唑、两性霉素B发展到酮康唑、氟康唑、伊曲康唑、特比萘芬、两性霉素B脂质体等,这些药物作用于真菌的细胞膜、细胞核或细胞壁,为临床提供了更多的治疗选择。但这些都是针对人类研发出来的抗真菌药物,尚无专门抗真菌兽药,所以亟待抗真菌兽药的研制与开发。治疗时应先用药物处理患部,然后剪毛,刮去局部痂皮鳞屑,涂布5%~10%碘酊或来苏儿水,也可涂灰黄霉素软膏、克霉唑药水等。

(2)综合防治　坚决不从患有真菌病的兔场引种;加强日常管理,搞好环境卫生,调控兔舍内的湿度和通风;经常检查兔群,发现可疑患兔,应立即隔离治疗或淘汰。常用的消毒方法有火焰消毒和药物消毒。环境消毒用药应做到保持有效浓度,交替使用。本病是人兽共患病,饲养员应注意个人防护,防止感染。

五、肉兔主要寄生虫病的防治

球　虫　病

兔球虫病是由艾美耳属或等孢属球虫寄生于兔的小肠或胆管上皮细胞内而引起的一种家兔最常见的体内寄生虫病。该病极易继发其他传染病,每年因球虫病造成的损失高居各种兔病之首,是目前养兔业中危害最大的疾病之一。

【流行特点】 球虫主要侵袭 30～90 日龄幼兔,隐性带虫兔、病兔是主要传染源。成熟球虫卵囊随病兔粪便排出体外,新排出的卵囊不具感染性,在外界适宜温度和湿度条件下,迅速发育成感染性卵囊,健康家兔采食了被感染性卵囊污染的饲草、饲料及饮水等而发病。本病多发于温暖潮湿季节,冬季棚室保温饲养方式也易发。以断奶仔兔至 4 月龄幼兔易感,死亡率高,成年兔发病较轻或不表现临床症状。断奶、变换饲料、营养不良、笼具和兔场卫生差,饲料、饮水污染等都会促使本病发生与传播。

【发病机制】 球虫破坏机体上皮细胞,产生有毒物质,加之肠道细菌的综合作用而致病。家兔吞食了经过了孢子化的卵囊后,卵囊在宿主消化液的作用下,孢子体突破卵囊壁逸出,侵入胆管上皮和肠上皮进行无性裂殖,使家兔消化功能紊乱,导致慢性饥饿、水肿,出现稀血症、白细胞减少。肠上皮细胞大量崩解,造成腐败细菌繁殖,产生大量毒素而引发中毒。病兔表现为痉挛、虚脱、肠臌气和脑贫血等。

【临床症状】 根据不同的球虫种类、不同的寄生部位分为肠球虫病、肝球虫病或混合型球虫病。主要表现为食欲减退或废绝,精神沉郁,伏卧不动,生长缓慢或停滞,眼、鼻分泌物增多,体温升高,贫血,可视黏膜苍白,腹泻,尿频,腹围增大,消瘦,有的出现神经症状。肠球虫病多呈急性,死亡快者不表现任何症状突然倒地,角弓反张,惨叫一声而死。稍缓者出现顽固性腹泻,血痢,腹部胀满,臌气,有的便秘与腹泻交替出现。肝球虫病在肝区触诊疼痛、肿大,有腹水,黏膜黄染,神经症状明显。混合型则出现以上两种症状。

【病理变化】 剖检病变主要在肝脏和肠管。肝脏常见变化为肿大、硬化,肝表面及实质内有白色或淡黄色粟粒大至豌豆大的结节性病灶,切开结节,可见浓稠的干酪样物质。肠管则以十二指肠病变最为严重,小肠内常充满大量黏液和气体,肠黏膜可见充血、水肿,可见肠黏膜上有许多小的白色坏死灶。有时患兔出现腹水或可视黏膜黄染。

【诊　断】　根据流行病学特征,如发病日龄、高发病率和高死亡率,结合临床典型症状,如腹泻、腹胀及剖检后的肝脏和肠管等变化可做出初步诊断。确诊需要应用直接涂片法或饱和盐水漂浮法在粪便中检测到球虫卵囊。球虫卵囊镜检呈圆形或卵圆形、淡灰色,卵囊中央有1个深色圆周形的原生质团,周围是透明区,卵囊外还有1个双层的壳膜。值得注意的是,急性兔球虫病有时在粪便检查中看不到卵囊,必须与剖检结合判断。

【防　治】　加强饲养管理,兔笼、兔舍勤清扫,定期消毒,粪便堆积发酵处理,严防饲草、饲料及饮水被兔粪污染,成兔与幼兔分开饲养。定期预防性喂服抗球虫药物。发现病兔,及时隔离治疗。氯苯胍每千克体重10毫克喂服或按0.03%的比例拌料饲喂,连用2~3周,对断奶仔兔预防时可连用2个月;磺胺二甲嘧啶每千克体重200毫克喂服,连用5~7天;氯羟吡啶(克球粉)每千克体重50毫克喂服,连用5~7天;呋喃唑酮每千克体重10毫克喂服,每日2次,连用3~5天;也可用其他抗球虫药物。使用抗球虫药物时应注意,多种药物交替使用,以免产生耐药性。

豆状囊尾蚴病

家兔豆状囊尾蚴病是由豆状带绦虫的幼虫(即豆状囊尾蚴)寄生于家兔的肝脏、肠系膜和腹腔内引起的一种寄生虫病。

【流行特点】　犬、猫感染成虫,是兔类感染豆状囊尾蚴的感染源,而处理不当的感染有豆状囊尾蚴的家兔内脏又成为犬、猫感染成虫的主要因素。传播途径主要是家兔误食被犬、猫等动物粪尿污染的饲料而发病,主要经消化道传播。无年龄限制,各种日龄的家兔均可发生本病。无明显的发病季节。狗、猫等食肉动物食入含有豆状囊尾蚴的兔的内脏或豆状囊尾蚴虫体后,在小肠内发育成豆状带绦虫。豆状带绦虫成熟后的孕卵节片及虫卵随粪便排出,兔食入了被污染的饲草、饲料和饮水后而感染。虫卵在兔消化道逸出六钩蚴,钻入肠壁,随血液到达肝脏,一部分还通过肝脏进入腹腔其他脏器浆膜面,在肝脏及其他脏器表面发育成囊尾蚴而发病。

【临床症状】 家兔体内豆状囊尾蚴数量比较少时,一般不出现明显症状,只是生长稍缓慢,当受到大量侵袭寄生时,才出现明显症状。表现被毛粗糙无光泽,消瘦,腹胀,可视黏膜苍白,贫血,消化不良或紊乱,食欲减退,粪球小而硬,严重者出现黄疸,精神沉郁,少动,甚至衰竭死亡。腹部触诊可在胃壁等处触到数量不等的豌豆大或花生米大、光滑而有弹性的泡状物。

【病理变化】 腹腔积液,肝脏表面、胃壁、肠道、腹壁等的浆膜面附着数量不等的豆状囊尾蚴,呈水泡样。

【诊 断】 通过临床症状、外部触诊及剖检到豆状囊尾蚴虫体即可确诊。

【防 治】 对新引进的兔隔离饲养,严格检查,确定无病后再合群,必要时对兔源地进行调查。对护场犬,定期进行预防性驱虫,经常检查其粪便中是否有绦虫卵。另外,饲草、饲料晾晒区应与犬活动区严格隔离。严禁将带有豆状囊尾蚴的兔内脏喂狗、猫。发现患有豆状囊尾蚴的病兔,可用吡喹酮治疗,每千克体重100毫克口服,24小时后再喂1次;或每千克体重50毫克,加适量液状石蜡,混合后肌内注射,24小时后再注射1次。

螨 病

兔螨病又称疥癣病,是由兔痒螨、疥螨和寄食姬螨分别寄生于耳部、全身皮肤和肩胛部而引起的外寄生性皮肤病。

【流行特点】 兔螨病主要发生在秋、冬季节绒毛密生时,潮湿多雨天气、环境卫生差、管理不当、营养不良、笼舍狭窄、饲养密度大等都可促使本病发生。可通过笼具等接触传播。

【临床症状】 兔痒螨发生于外耳道内,可引起外耳道炎,渗出物干燥呈黄色痂皮,塞满耳道,如纸卷样。病兔耳朵下垂,不断摇头并用脚搔耳朵,还可能延至筛骨及脑部,可引起癫痫。兔疥螨一般在嘴、鼻周围及脚爪部发病,奇痒。病兔不停用嘴啃咬,或用脚搔抓,严重发痒时前后脚抓地。

【病理变化】 病变部出现皮肤发炎、脱毛、龟裂、灰白色结痂、患部变硬,造成采食困难,食欲减退,脚爪上产生灰白色痂块,病变向鼻梁、眼圈、前脚和后脚底部蔓延,出现皮屑和血痂。迅速消瘦直至死亡。

【诊　断】 根据临床症状和流行特点做出初步诊断,从患部刮取病料,用放大镜或显微镜检查到虫体即可确诊。

【防　治】 经常保持兔舍卫生,通风透光,兔场、兔舍、笼具等要定期消毒,引种时不要引进病兔。有螨病发生时,应立即隔离治疗或淘汰,兔舍、笼具等彻底消毒。治疗病兔可用2%敌百虫溶液喷洒涂抹患部或浸洗患肢;8%溴氰菊酯溶液涂抹或浸洗患部或药浴;食醋500毫升,加入烟叶50克煮沸10~20分钟,取汁浸洗患部,每日2~3次;0.15%杀虫脒溶液涂抹患部或药浴。对耳道病变,应先清理耳道内脓液和痂皮,然后滴入或涂抹上述药物;阿维菌素,每兔0.2毫升,颈部皮下注射。

棘 球 蚴

棘球蚴病也称包虫病,是由寄生于狗的细粒棘球绦虫等数种棘球绦虫的幼虫——棘球蚴寄生在牛、羊、人等哺乳动物的脏器内而引起的一种危害极大的人兽共患寄生虫病。

【流行特点】 细粒棘球绦虫成虫广泛寄生于犬科动物中,

如狗、狼、狐狸等体内,中间宿主主要是羊,也有兔。当感染动物排出成虫节片后,污染饲料、饮水或草场,被羊误食后虫卵在其胃肠道酶的作用下孵化出六钩蚴,当六钩蚴穿过肠壁进入肠壁静脉或乳糜管并顺血流到达肝、肺、肾等器官后,形成包囊而产生包虫病。包虫病主要流行于畜牧地区。国内以新疆、甘肃、青海、宁夏、内蒙古、西藏、四川等省、自治区多见,陕西、河北及东北等省也有散发病例。

【临床症状】 临床症状随寄生部位和感染数量的不同而差异明显,轻度感染或感染初期,包囊逐渐增大,但无任何临床症状。故多数病例是在幼兔期感染,潜伏寄生到青年兔期发病。肝部大量寄生棘球蚴时,主要表现为营养失调,身体消瘦;当棘球蚴体积过大时可见腹部右侧臌大,有时可出现黄疸,眼结膜黄染。当肺部大量寄生时,则表现为长期的呼吸困难和微弱的咳嗽;听诊时在不同部位有局限性的半浊音灶,在病灶处肺泡呼吸音减弱或消失;感染严重者可出现明显的毒血症全身反应和急性脓肿的局部症状。若棘球蚴破裂,则全身症状迅速恶化,体力极为虚弱,通常会窒息死亡。

【诊 断】 触诊是包虫病的主要诊断方法,由于包囊外膜肥厚坚韧,又为囊液胀满,所以局部触诊包虫为表面光滑、边界清楚的无痛性肿块,且肿块硬韧,有弹性,有震颤感。当临床症状不能确诊此病时,可利用 X 光或超声波检查;也可用变态反应诊断,即用新鲜棘球蚴囊液,无菌过滤绝不含原头蚴,在颈部皮内注射0.2 毫升,注射后 5~10 分钟观察,若皮肤出现红斑,并有肿胀或水肿者即为阳性,此法准确率达 70%。

【防 治】 避免犬、狼、豺、狐狸等终末宿主吞食含有棘球蚴的内脏是最有效的预防措施。另外,对疫区内的犬定期驱虫以消灭病原也是非常重要的,如驱犬绦虫药阿的平,按每千克体重0.1~0.2 克,一次口服;驱虫犬一定要拴住,以便收集排出的虫体与粪便,彻底销毁,以防散布病原。治疗药物首选阿苯达唑,该药治疗的最适剂量与疗程尚在探索之中。一般采用每日 20 毫克/千克体重,分 2 次口服,疗程应参考包虫囊肿大小随访结果。此外,吡喹酮试用于本病也有一定疗效。

栓尾线虫

本病又称兔蛲虫病,是由兔栓尾线虫寄生于兔盲肠和结肠引起的消化道线虫病。本病呈世界性分布,家兔感染率较高,严重者可引起死亡。

【流行特点】 本病不需中间宿主,成虫产卵在兔直肠内发育成感染性幼虫后排出体外,当兔吞食了含有感染性幼虫的卵后被感染,幼虫在兔胃内孵出,进入盲肠或结肠发育为成虫。

【临床症状】 本病少量感染时,一般不显临床症状,随着感染加重,患兔背毛逆乱无光,眼睛流泪,有较重的结膜炎,机体消瘦,生长受阻,并相继出现轻微腹泻,用嘴啃肛门处,其粪便中可发现若干条 5~7 毫米长的白色针状线虫。严重感染时,可引起盲肠和结肠的溃疡和炎症,病兔慢性腹泻,消瘦,发育受阻甚至死亡。

【诊 断】 本病在兔场的感染率很高,刮取、擦取或蘸取肛周皱襞污物进行镜检虫卵,粪检结合临床症状可以确诊。

【防 治】 将病兔所排粪便堆积发酵处理,以杀虫灭菌;笼舍、饲槽及饮水槽彻底消毒。定期驱虫,春、秋季节全群各驱虫 1 次,严重感染的兔场,每隔 1~2 个月驱虫 1 次。药物治疗用阿维菌素粉,每千克体重 0.25 克,拌料饲喂,10 天后重复用药 1 次,效果显著,用药后 10 天粪检。也可用抗螨敏片(丙硫苯咪唑片,50 毫克/片)按每千克体重 15 毫克,研碎,拌料饲喂,10 天后重复 1 次;复方敌菌净按每千克体重 1 片的剂量,酵母片每兔每次 2 片,每日 2 次,研碎,拌料饲喂,连用数日,直到病兔腹泻症状消失。

六、肉兔主要普通病的防治

便 秘

兔便秘是食物在肠道中停留时间过长,而变干、变硬,致使排泄困难,甚至阻塞肠管的一种肠道疾病。

【病　因】　由于青、粗饲料比例小,精饲料多,食物在肠道内运行慢;长期饲喂干饲料且饮水不足;饲料中有泥沙、毛等异物,致使形成大的粪块而导致本病发生;有些发热疾病,使体内水分散失较多等也可引发本病。

【临床症状】　患兔食欲减退或废绝,精神不振,不爱活动,听诊腹部肠鸣音减弱或消失。患兔频繁做排便姿势,但无粪便排出或排少量坚硬的粪球;排便次数减少,甚至数日不排便。患兔腹胀,起卧不宁,常表现头下俯、拱背凝视肛门处,均为腹部不舒适的表现。触诊腹部时,兔有痛感,且能摸到坚硬的粪球;由肛门做直肠指诊时发现直肠内蓄有干燥、硬结的粪块。无并发症,体温也不升高。

【防　治】　加强饲养管理,合理搭配饲料,防止过食,供给充足饮水,适当运动,配合饲喂青绿多汁饲料,可有效防止本病发生。轻症病兔可适当饲喂人工盐2~5克;较重病兔可喂服硫酸钠5~10克、液状石蜡或食用油10~20毫升;温肥皂水或液状石蜡灌肠,并配合腹部按摩;果导片1~2片喂服。继发便秘时应及时治疗原发疾病。

毛 球 病

兔毛球病是因家兔食入兔毛,致使胃生燥热,毛与食团形成毛球引起的消化道综合征。特别是在冬、春季节青绿饲料不足,营养缺乏时呈高发态势。

【病　因】　多由于脱毛季节兔毛大量脱落,散落于笼舍、饲槽及垫草中,或混入饲料、饲草中被兔误食;或过度拥挤、通风不良引起应激而互相舔咬或自咬而食入;或某些微量元素、维生素、氨基酸缺乏时引起咬吃其他兔毛或自身的被毛;发生皮肤病时啃咬患部及大量食入分娩时的拉毛等。食入的兔毛与胃内容物、饲草纤维混合成团,久之变成大而硬的毛球阻塞胃肠道。

【临床症状】　毛球一旦形成停留胃内,不断刺激、影响胃的正常生理功能,造成食欲减退,慢性消化不良和胃臌气,消瘦,精神委靡,不愿活动,饮水增多,喜卧伏。重症者可见腹痛。毛球一旦进入小肠,引起急性肠梗阻,胃肠臌气,腹痛不安,可引起急性死亡。触摸时可摸到圆形似鹅蛋或鸡蛋大小的坚硬毛球,有疼痛感,触摸病兔明显躲避,甚至拒绝。

【防　治】　加强饲养管理,搞好环境卫生和消毒工作,对脱落的兔毛应及时清扫,防止混入饲料中,不要过度拥挤,加强通风,配制全价配合饲料,营养元素缺乏时,应补充相应缺乏的元素,及时治疗皮肤病等,可有效预防本病。如发生毛球病,可按便秘方法治疗。

脚 皮 炎

兔脚皮炎是由金黄色葡萄球菌感染而引起的脚底皮肤炎症。

【病　因】　引发脚皮炎的主要因素是兔笼结构不合理。许多兔场使用镀锌铁丝网兔笼,这种笼的好处是干净、易清扫、使用方便,但由于笼底是由铁丝网制成,成年家兔因足底毛较少,易引起脚皮炎。另外,兔笼内壁尤其是笼底不光滑,有钉头或铁丝等尖锐物,易刺伤兔足底,感染后引发此病。兔舍、兔笼长时期不消毒,垫草不清洁,伤口被葡萄球菌感染也会发病。

【临床症状】　全身症状表现为精神沉郁、厌食、被毛逆乱无光、渐行性消瘦、患肢不敢着地。常小心轻触踏板、四肢频频交换以支持体重、有时病兔用嘴啃咬患病脚掌。病兔脚部不同程度受到损伤。轻者脚部局部性肿胀、皮肤增厚、脱毛、形成厚厚的垫状物,触诊时疼痛不安,重者脚部皮肤可见覆盖龟裂状痂皮和局限性溃疡,溃疡大小不等,但位置相当一致,常位于跖骨部底面,间或位于掌指骨部侧面,溃疡面约呈椭圆形。邻近溃疡上皮的真皮继发细菌感染,有的在痂皮下形成脓肿。

【防　治】　选择脚底部被毛较浓密的兔留作种用,并适当控制种兔体重,避免过肥;兔笼底网要平整光滑;使用金属笼底饲养时,金属底网要粗些,网眼不要过大;使用竹木笼底时,应光滑无毛刺,缝隙宽窄适当,既要使兔粪充分漏下,又不使兔脚夹入而损伤;避免笼底积留粪尿,保持清洁干燥。发现溃疡性脚皮炎病兔时,应检修笼具,更换垫草,或将病兔放于干软平面,也可在金属笼底一侧放置垫板;也可用经日光照射的细软沙土作垫料;用1%~3%过氧化氢溶液或1%高锰酸钾溶液冲洗患肢,再涂布3%~5%碘酊或紫药水。对症状严重、啃咬脚趾的病兔,可使用3%过氧化氢溶液清洗患肢,而后涂布魏氏油膏,再用纱布适当包裹,每日1次。对无治疗价值的病兔应尽早淘汰。

霉菌毒素中毒

【病　因】　家兔采食了发霉的饲草、饲料后,除霉菌的直接致病作用外,霉菌产生的大量代谢产物,即霉菌毒素,对家兔具有一定的毒性,引起家兔中毒。能引起家兔中毒的霉菌种类比较多,其中以黄曲霉毒素毒性最强。

【临床症状】　不同的霉菌所产生的毒素不同,家兔中毒后表现的症状也不同,但都以急性霉菌性肠炎及神经症状为主。在采食霉变饲料后很快出现中毒症状,如精神委顿、废食、流涎、腹痛、消化紊乱、先便秘后腹泻,粪便带有黏液或带血、恶臭,呼吸加快,全身衰竭,特别是后躯明显,走路不稳或麻痹、瘫痪,有的出现转圈运动,角弓反张,以致昏厥死亡。妊娠母兔发生流产。抗菌药物不能控制病情,死亡率较高。

【病理变化】　胃肠黏膜充血、出血、发炎,肝萎缩、色黄,心、肝、脾等有出血点,肾脏、膀胱有出血及炎性变化。

【防　治】　本病尚无特效解毒药物,主要在于预防。不喂发霉变质饲料,饲料、饲草要充分晾晒干燥后贮存,贮存时要防潮。湿法压制的颗粒饲料应现用现制,如存放也要充分晾晒。发现霉菌毒素中毒,应尽快查明发霉原因,停喂发霉饲料。应用缓泻药物排除消化道内毒物。内服制霉菌素或克霉唑等药物抑制或杀灭消化道内霉菌。静脉注射或腹腔注射葡萄糖注射液等。

流　产

【病　因】　引起流产的原因较多,如惊吓、剧烈运动、捕捉方法不当、摸胎用力过大、长途运输、咬架、饮冰水或饲喂冰冻饲料、饲料营养成分缺乏、使用药物不当或中毒及患某些疾病等。

【临床症状】　流产早期可见母兔不安,精神不振,食欲减退,有努责,外阴部流出带血水液,有的出现衔草拉毛,而后产出没有成形的胎儿。流产早者可在妊娠10天左右发生,晚者在产前2~3天发生。

【防　治】　加强妊娠母兔的饲养管理,兔场保持安静,捕捉、摸胎要轻柔,不喂冰冻饲料和饮水,供给全价饲料,及时治疗原发疾病,正确使用药物,防止药物中毒。如发现有流产先兆时,可注射保胎宁或孕酮。对已经发生流产的母兔应加强护理,喂服抗菌消炎药物,防止产道感染发炎。

不　孕　症

【病　因】　母兔遗传性能差和饲养管理不当、微量元素缺乏等原因造成先天性生殖器官畸形。母兔过肥、年龄过大也会使生殖功能下降。配种方法不当,配种时机掌握不准确,以及生殖器官疾病。

公兔长期不参加配种或饲养管理不当,导致精子老化、精子畸形、死亡率和畸形率增高。公兔隐睾或睾丸炎,导致精子品质不好。

【临床症状】 不孕不育的公、母兔一般都表现性欲不旺盛,母兔发情征候不明显。有的虽然多次交配,但是仍不受胎。也有的母兔在交配后 15~20 天,虽有拔毛营巢现象,但不产仔,俗称假孕。

【防 治】 母兔要求营养平衡、膘情适中,过肥母兔要适当增加运动,减喂精饲料,增加青粗饲料。过瘦母兔应适当加强营养。对屡配不孕母兔,适当提高维生素 A 和维生素 E 的水平,增加光照,皮下注射雌二醇 1~2 毫升或促卵泡素 0.5~1 毫升,促进卵巢发育和卵泡成熟。发生生殖器官炎症或其他疾病时,应及时治疗。久治不愈的母兔应及早淘汰。

产 后 瘫 痪

【病 因】 本病多发生于产仔数多的母兔。产仔窝次过密,产仔数多,体力消耗过大,饲料营养水平低下,特别是钙、磷缺乏或比例不当时,消耗母兔体内大量钙、磷,使血钙降低而瘫痪。妊娠期光照不足,饲料中缺乏维生素 D,都会影响钙、磷的代谢而发病。运动不足、兔舍阴暗潮湿以及某些疾病也会诱发本病。

【临床症状】 症状轻的病兔少食,症状重的不食,排粪减少或不通。产仔后,症状轻的后肢无力、跛行,重的四肢尤其是后肢不能站立,可能出现尿少或尿失禁的现象。

【防 治】 加强饲养管理,注意防寒保暖,饲喂营养均衡饲料,尤其要满足维生素 D 的补充和钙、磷等矿物质的平衡,平时根据上述病因积极预防。要加强护理,铺加柔软垫草,并注意保温。静脉注射10%葡萄糖酸钙注射液5～10毫升,皮下注射维生素D 1毫升。内服液状石蜡或蜂蜜等以防便秘。肌内注射复合维生素B 2毫升,以促进神经功能的恢复。

妊娠毒血症

兔妊娠毒血症是母兔妊娠后期较普遍的一种糖和脂肪代谢障碍的营养代谢性疾病,致死率很高。

【病　因】　多胎妊娠母兔在妊娠后期,胎儿生长快、代谢旺盛,母体葡萄糖消耗比非妊娠兔高得多。如果饲料中的碳水化合物不足,则母兔体内碳水化合物和生糖物质不足,垂体等分泌功能失调,血糖浓度低于临界水平。这将导致妊娠母兔营养失调,糖和脂肪代谢紊乱,组织中酮体如丙酮、乙酰乙酸、丁酸等的浓度增高,进而发生酮血症、酮尿症和酸中毒,严重者出现脂肪肝。气候剧变、疼痛、长途运输、禁饲、饲料突变等,也常使血糖降低引起本病。另外,母兔过度肥胖、生殖功能障碍、子宫肿瘤、环境变化等,也可导致内分泌功能失调而诱发本病。

【临床症状】　大多在妊娠20天左右出现精神沉郁,食欲减退或废绝,呼吸困难,尿量少,呼出气体与尿液有酮味,并很快出现神经症状,如惊厥、昏迷、运动失调、流产等,甚至死亡。

【防　治】　提高妊娠后期饲料营养水平,饲喂全价平衡饲料,补喂青绿饲料。饲料中添加多种维生素以及葡萄糖等有一定预防效果。如发生本病,可内服葡萄糖或静脉注射葡萄糖注射液及地塞米松等。如病情严重,距分娩期较长,治疗无明显效果时,可采取人工流产救治母兔。

异 食 癖

异食癖即家兔采食或舔食、啃咬饲草、饲料以外物品的嗜好或恶习。

【病　因】　饲料单一,饲料营养不平衡,氨基酸、维生素、微量元素等缺乏或长期饲喂量不足,都可引起异食。环境温度过高,饲养密度过大,通风不良,光照过强或过弱等引起应激时可诱发异食。也可能继发于某些寄生虫病。

【临床症状】　啃咬,舔食笼具、饲槽、水槽、墙壁、砖瓦、土块、煤渣,啃咬其他兔的被毛以及自身被毛,严重者还会出现吃食仔兔(食仔癖)等。

【防　治】　饲料品种要多样化,配制全价平衡饲料,适量饲喂青绿饲料,适当补充氨基酸、维生素及微量元素等。注意通风透光,饲养密度合理,定期驱虫。如发生异食癖,应根据相应缺乏元素进行补充。发生食仔癖时,还应将新生仔兔取出寄养或定时送回哺乳。

感　冒

【病　因】　该病多由于气候突变、过于寒冷、冷热不均、骤然降温、骤淋暴雨、贼风侵袭、通风不良等,使家兔上呼吸道感染,体温调节紊乱,体内积热而发病。

【临床症状】　患兔轻度咳嗽,打喷嚏,流清鼻涕或稠鼻涕,呼吸困难,精神不振,食欲减退,体温升高。如果护理不当,容易继发肺炎或出血性败血症。

【防　治】　保持舍内清洁卫生,气温骤变时注意保温。发现病兔应采取抗菌消炎、解热镇痛疗法。肌内注射复方氨基比林注射液 2～4 毫升,或安痛定注射液 1～2 毫升,或柴胡注射液 2 毫升,也可喂服感冒胶囊、克感敏、阿司匹林(APC)、银翘解毒片等。肌内注射青霉素 5 万～10 万单位,链霉素 5 万～20 万单位,也可二者联合应用。

七、肉兔养殖场主要疾病的综合防控技术

综合防控措施包括预防措施和扑灭措施两种。预防措施包括：①坚持"自繁自养"原则，加强检疫工作，查明、控制和消灭传染源。②消毒、杀虫和灭鼠，以截断传染途径。③提高家兔对疾病的抵抗力。④定期预防性免疫接种和药物投喂。

扑灭措施包括：①迅速报告疫情，尽快做出确切诊断。②消毒、隔离与封锁疫区。③治疗病兔或合理处理病兔。④严密处理尸体。

（一）检　疫

《中华人民共和国进出境动植物检疫法》中规定，兔的检疫对象主要有兔病毒性出血症、兔黏液瘤病、野兔热，也应考虑共患病。

为了防止传染病的侵入，只能从那些无家兔烈性传染病和无可以感染家兔的其他畜禽传染病的地区、农牧场输入家兔、饲料和用具。而这些农牧场应按规定进行检疫，凭合格的"检疫证明书"才能出场。对从外地购买或调进的家兔要隔离饲养 1 个月，进行全面检查。如果确实属于健康无病，才能混群饲养；如果发现有患传染病的家兔，即在指定的专门地点采取扑灭疫病措施。检疫场所（检疫室）应不临近养兔场和饲料库，由专门人员负责饲养、看护被检疫的家兔，并遵守兽医卫生制度。在检疫室内应配备必需的用具，在检疫室门口设置消毒池。检疫室中的家兔粪便应堆积，经生物发酵消毒或掩埋。

一般成年家兔在每次配种前和分娩后的第 1~2 天，仔兔在出生后第 1~2 天和断奶前进行临诊检查，以后则每隔 10~15 天进行 1 次。

(二)隔离和封锁

兔场发生传染病时,立即检查所有家兔,以后每隔5天至少要进行1次详细检查,根据检查结果,分群区别对待。

1. **病兔**　指有明显临诊症状的家兔。应在彻底消毒的情况下,单独或集中隔离在原来的场所,由专人饲养,严加护理和观察、治疗,不许越出隔离场所。要固定所用的工具。入口处要设置消毒池,出入人员均须消毒。如经查明,场内只有很少数的家兔患病,为了迅速扑灭疫病并节约人力、物力,可以扑杀病兔。

2. **可疑病兔**　指无明显症状,但与病兔或其污染的环境有过接触(如同群、同笼、同一运动场)的家兔。可疑病兔有可能处在潜伏期,并有排菌(毒)的危险,应在消毒后隔离饲养,限制其活动,仔细观察。有条件时可进行预防性治疗,出现症状时则按病兔处理。如果经1~2周后不发病,可取消限制。

3. **假定健康兔**　无任何症状,一切正常且与前两类家兔没有明显的接触。应分开饲养,必要时可转移场地。

此外,对污染的饲料、垫草、用具、兔舍和粪便等进行严格消毒;应妥善处理尸体;应做好杀虫灭鼠工作。

(三)消　毒

1. **进场进舍消毒**　进入场区的人员、车辆,必须严格遵照防疫制度消毒后方可进场;出售家兔必须在场区外进行,已调出的家兔不能再送回兔场;严禁其他畜禽进入场区。

2. **场区和环境消毒**　每隔3~5天对兔舍周围清扫1次,每隔10~15天消毒1次;晒料场和兔运动场每日清扫1次,每5~7天消毒1次。每年春、秋两季,在兔舍墙壁上和固定兔笼的墙壁上涂抹10%~20%生石灰乳,墙角、底层笼阴暗潮湿处应撒上生石灰;生产区门口、兔舍门口、固定兔笼出入口的消毒池,每隔1~3天清洗 1 次,并用 2%热火碱水消毒,也可以用 20%新鲜石灰水刷白。

3. **设备及用具消毒**　兔舍、兔笼、通道、粪尿底沟每日清扫 1 次,夏、秋季节每隔 3~5 天消毒 1 次。粪便和垃圾应选择离兔场 150 米以外的地方堆积发酵后掩埋。在消毒的同时,有针对性地用 0.5%~1.0%敌百虫溶液喷洒兔舍、兔笼和周围环境,以杀灭螨虫和其他有害昆虫。兔舍的设备、工具应固定,不互相借用;兔笼的饲槽、饮水器和草架也应该固定,用具用完后及时消毒;产仔箱、运输笼等用完后要冲刷干净并消毒后备用;家兔转群或母兔分娩前,兔舍、兔笼均须消毒 1 次。养兔所用的水槽、饲槽、运料车等工具每日都应冲刷,每隔 5~7 天用沸水或 2%热碱水消毒;治疗兔病所用的注射器、针头、镊子等器具使用后在沸水中煮 30 分钟或者用 0.1%新洁尔灭浸泡消毒;饲养人员的工作服、毛巾和手套等要经常用 1%~2%来苏儿或 2%热碱水洗涤消毒。

4. **发生疫病后消毒**　兔场发生传染病时,应迅速隔离病兔并对其进行单独饲养和治疗,对受到污染的地方和用具要进行紧急消毒,病死兔要远离兔场烧毁或深埋,病兔笼和污物要严格消毒,同时加强饲养人员出入饲养场区的消毒管理。发生急性传染病的兔群应每天消毒 1 次。兔舍消毒应选择在晴天进行,并做好通风工作。当传染病被控制住后,若不再发现病兔及相应症状,全场范围内应进行 1 次彻底消毒。

5. **注意事项**　兔场消毒。

(1)**效力**　所用药剂是否能够控制危害家兔的所有病原微生物,在不同条件下(如有机物污染、使用硬水、低温等)必须发挥药效,用实验来证实药效。

(2)**安全性**　对操作人员具有安全性,不危害动物,同时在畜产品中无残留,不会污染环境,对各种设备都没有腐蚀性。

(3)**成本**　成本低廉,效果显著。

（四）灭鼠、杀虫和尸体处理

因为鼠类动物是家兔的某些传染病病原体的携带者和传播者，因此消灭鼠类是兔场的重要工作。可搞好兔场卫生、堵鼠洞的方法，或用鼠笼、鼠夹等捕捉；也可用灭鼠药灭鼠，如磷化锌等。为了灭蚊、蝇、虻、蚤、蜱等吸血昆虫，防止它们侵袭并传播疫病，可用有机磷杀虫剂喷洒于兔舍和家兔体表，如0.1%氯氰菊酯溶液喷雾、0.1%除虫菊酯喷雾。

必须正确而及时地处理尸体，可将尸体加工化制，或运往远离兔场的地方焚烧或深埋。

（五）建立健康兔群

新建养兔场，在引进种兔时，必须首先考虑"无病"，要从确实可靠的安全兔场引种。如有条件，产后仔兔与母兔尽早隔离，实行母仔分笼饲养；反复多次检疫，淘汰病兔、带菌（毒）兔，逐步实现相对的无病；反复多次驱虫，以达到基本无虫；加强一般性预防措施，严密控制传染源的侵入。

参考文献

［1］谷子林．规模化生态养兔技术［M］．北京：中国农业大学出版社，2012．

［2］谷子林，李新民．家兔标准化生产技术［M］．北京：中国农业大学出版社，2003．

［3］谷子林，刘亚娟，等．肉兔养殖新技术问答［M］．石家庄：河北科学技术出版社，2013．

［4］唐良美．养兔问答［M］．成都：四川科学技术出版社，2008．

［5］李福昌．家兔营养［M］．北京：中国农业出版社，2009．

［6］钟艳玲，路广计，房金武．肉兔［M］．北京：中国农业大学出版社，2006．

［7］谷子林，秦应和，任克良．中国养兔学［M］．北京：中国农业出版社，2013．

［8］杨正．现代养兔［M］．北京：北京中国农业出版社，2011．

［9］任克良．兔病诊断与防治原色图谱［M］．北京：金盾出版社，2014．

［10］谷子林．怎样经营好中小型兔场［M］．北京：金盾出版

社,2014.

[11] 谷子林.肉兔健康养殖400问[M].北京:北京农业出版社,2014.

[12] 王建民,秦长川.肉兔高效养殖新技术[M].济南:山东科学技术出版社,2002.

[13] 谢晓红,易军,赖松家.兔标准化规模养殖图册[M].北京:中国农业出版社,2013.

[14] 谷子林.新建兔场如何降低投资风险[J].农村百事通,2011,12:16-18.

[15] 吴中红,靳薇.国内外兔场环境调控及养殖工艺比较[J].中国养兔,2011,02:15-19.

[16] 毛远堂.提高肉兔人工授精受胎率与产仔数的十项措施[J].中国畜牧业,2013,23:80-81.

[17] 李振.提高肉兔繁殖力的综合措施[J].四川畜牧兽医,2004,31(11):41-41.

[18] 刁其玉,张乃峰.非常规饲料资源开发与应用评价[J].饲料与畜牧,2010,10:8-12.

[19] 谷子林,陈宝江,黄玉亭,等.市场低迷期家兔低碳增效途径探讨[J].全国家兔饲料营养与安全生产技术交流会论文集,2011,10-19.

[20] 谢晓红,郭志强,雷岷.当前我国兔饲料安全存在的隐患及应对策略[J].全国家兔饲料营养与安全生产技术交流会论文集,2011,27-31.

[21] 任克良,曹克,李燕平,等.饲料营养、饲养方式与家兔疾病发生相关性分析[J].全国家兔饲料营养与安全生产技术交流会论文集,2011,43-47.

[22] 刘亚娟,陈赛娟,陈宝江,等.2012年国内家兔饲料资源开发与营养研究进展[J].饲料研究,2013,06:12-15.

［23］谷子林,陈宝江,黄玉亭,等．家兔的营养需要特点和饲料配方设计技巧(二)[J]．饲料与畜牧,2012,06:5-7.

［24］杨佳,杨佳艺,王国栋,等．兔肉营养特点与人体健康[J]．食品工业科技,2012,12:422-426.

［25］荣笠棚,彭翔东,卓勇贤．现代食品加工技术在兔肉加工中的应用[J]．中国养兔,2011,01:8-11.

［26］荣笠棚,卓勇贤,彭翔东,等．兔肉熟食产品加工现状及其发展趋势[J]．中国养兔,2013,08:37-40.

［27］宸锁成,任克良,曹亮,等．我国规模兔场兔病发生特点及综合防控措施[J]．中国草食动物,2011,03:48-51.

［28］谷子林．近年我国家兔疾病发生规律和特点及其防控策略[J]．中国养兔,2014,01:4-9.

三农编辑部新书推荐

书　名	定　价
西葫芦实用栽培技术	16.00
萝卜实用栽培技术	16.00
杏实用栽培技术	15.00
葡萄实用栽培技术	19.00
梨实用栽培技术	21.00
特种昆虫养殖实用技术	29.00
水蛭养殖实用技术	15.00
特禽养殖实用技术	36.00
牛蛙养殖实用技术	15.00
泥鳅养殖实用技术	19.00
设施蔬菜高效栽培与安全施肥	32.00
设施果树高效栽培与安全施肥	29.00
特色经济作物栽培与加工	26.00
砂糖橘实用栽培技术	28.00
黄瓜实用栽培技术	15.00
西瓜实用栽培技术	18.00
怎样当好猪场场长	26.00
林下养蜂技术	25.00
獭兔科学养殖技术	22.00
怎样当好猪场饲养员	18.00
毛兔科学养殖技术	24.00
肉兔科学养殖技术	26.00
羔羊育肥技术	16.00

三农编辑部即将出版的新书

序 号	书 名
1	提高肉鸡养殖效益关键技术
2	提高母猪繁殖率实用技术
3	种草养肉牛实用技术问答
4	怎样当好猪场兽医
5	肉羊养殖创业致富指导
6	肉鸽养殖致富指导
7	果园林地生态养鹅关键技术
8	鸡鸭鹅病中西医防治实用技术
9	毛皮动物疾病防治实用技术
10	天麻实用栽培技术
11	甘草实用栽培技术
12	金银花实用栽培技术
13	黄芪实用栽培技术
14	番茄栽培新技术
15	甜瓜栽培新技术
16	魔芋栽培与加工利用
17	香菇优质生产技术
18	茄子栽培新技术
19	蔬菜栽培关键技术与经验
20	李高产栽培技术
21	枸杞优质丰产栽培
22	草菇优质生产技术
23	山楂优质栽培技术
24	板栗高产栽培技术
25	猕猴桃丰产栽培新技术
26	食用菌菌种生产技术